疗愈厨房

My Comfort Kitchen

我家的舒适食物、常备菜、料理的基本与厨房里的大小事

暴躁兔女王——著

青岛出版社
QINGDAO PUBLISHING HOUSE

我想要通过这本小书，传达给你们的是……

Prologue
前言

厨房，料理者的修炼道场，主妇的职场与生活舞台，家庭与生活的根本之地。一个家里，再也没有任何一个房间像厨房这样，同时拥有这么多的功能，可以同步进行火热与冰凉夹杂着各种香气及声响的工作。

每天，我都花许多时间待在厨房里。

我每天起床第一件事，就是进厨房烧一壶新的开水，并且趁着烧开水的五六分钟空档，把前晚洗好烘干的碗盘锅具收进柜子里，再从冰箱取出早餐要吃的食材。我一天的开始，就始于厨房里的炊烟。

在厨房里洗洗切切，料理出一盘盘一道道美味的食物，既是一段充满节奏的进行曲，又是一次色香味俱全的疗愈。哗啦哗啦的水流声，刀子与砧板发出的叩叩声，食材下锅时那哗的一声，炖煮时咕嘟咕嘟的声音，还有煎煮炒炸烤的各种美好香味，把一锅排骨汤炖得汤色清澈微白，筷子一夹便骨肉分离的畅快，厨房里的各种声音、滋味、香气，每一样都使人五感愉悦。眼睛看到美味，胃袋获得满足，心灵得到安抚，说厨房里充满疗愈，无误。

下厨的时间，是一段享受单纯快乐的时光，你可以放松心情，静静地揉着面团，也能一边听着喜爱的音乐哼着歌，一边搅拌锅里的食物，放空头脑，只专注在你手底下的食物。

我越来越爱待在厨房，厨房满足了我对一个理想家庭生活的想象，弥补了我自小缺乏的温暖家庭生活的缺憾，使我刚硬如铁的心得到了疗愈抚慰，人竟因此一日一日温柔了起来。

食物本身即已充满疗愈的美味魔力，而来自自家厨房里充满心意与爱情的料理，更是让人感到温暖可靠，也吃得健康安心。

准备料理的过程让煮饭的人得到疗愈，而端出来的料理则让吃的人得到快乐和满足，这就是厨房的疗愈力和厨房里的疗愈魔法。

在自家厨房煮饭做菜最大的好处，就是一切都可以依照自己和家人的喜好来定制，无需迁就他人，并完全掌握饮食的自主权。你完全可以自己决定食物的分量和调味，决定自己想要煮什么、吃什么，想要料理少油少盐低糖也没问题，想要辣一点、甜一点、多加点胡椒、要葱花不要香菜也通通没问题，一切都由你决定。

世上最好吃的食物，往往不是五星级饭店的大鱼大肉，也不是知名餐馆里的招牌菜色，而是母亲料理的家常菜，那些充满家的味道的食物。

在这本书里，没有高贵难寻的食材，没有稀奇特别的调味料，也没有绚丽诱人的秘方或大厨不外传的秘密。我所呈上的，是我们台湾本地当季应时的美好食材，是传统的以古法天然酿造、滋味单纯的调味料，是实实在在按步就班就能做出来的料理。我希望这本书带给你的是日日的生活之味，是四季流转所赐予的大地之味，是只要去做便能拥有的美好生活实践，是一份为深爱的家人付出的关爱与一无二致的心意。

我满心期望，看了这本书，你也想提着菜篮上市场买菜，也想穿起围裙进厨房做菜，也想端出一道道美味的料理，也想享受餐桌的风景，也想把厨房收拾得洁净妥帖，也想要开始学习从新手变高手。我想看见每个人都能去实践自己对生活的向往。在厨房里展开自己的故事，并且希望你能在此得到疗愈。

兔女王 Joy

关于本书食谱使用的说明

1. 书中食谱的分量，是以 2 ~ 3 人一餐能够吃完为基本，或者是以容易制作的分量来进行。

2. 烹调完成的时间，会依各家炉具火力大小不同、烤箱功率不同、锅具材质不同而略有长短差异，请以书中提供的时间为参考基准，再视实际情况调整。

3. 如果缺少食谱材料表中的某些食材或调味料，可以用自己手边所有的或方便取得的来代替。但需要理解的是，所有食谱设计都是环环相扣，食材与调味料之间是相辅相成，以其他材料来代替虽然也没问题，但成品的口感和风味可能会稍有差异。不过，这亦是做料理有趣的地方，一点小变化可能带来完全不同的结果，请不用太过担心，以一种玩游戏的心情来做，好吃就行。

4. 每道食谱的第一个步骤，都会详细说明食材的预处理方法。我是对食材清洁卫生和基本切法特别重视的人，因此大多数食材我都处理得比较仔细。如果你有自己的处理方法，请依自己习惯的方式来做即可。

5. 食谱所使用的计量单位，皆以标准料理用计量匙或量杯为准。
   食谱材料表中的重量，是以千克（kg）和克（g）为单位。

   计量单位说明如下：
   1 小匙≈ 5 毫升，1 大匙≈ 15 毫升

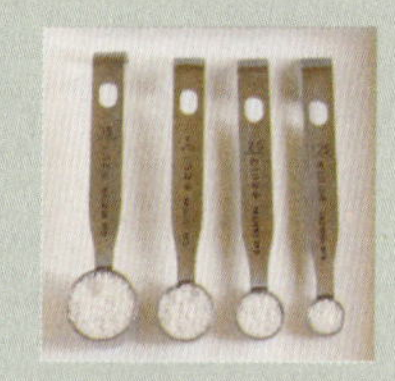

6. 较少分量的食材或调味料，请以手指来作为计量道具取用，例如：
   两指捏的 1 小撮：约 1/8 小匙
   三指捏的 1 小撮：约 1/3 小匙
   一小节的姜：约为手大拇指的长度，10 克左右
   适量：指的是你喜欢的分量，即依照你和家人喜欢的口味，斟酌用量或少量地调味，例如胡椒等香料。

Contents

part1

料理的基本

part2

这是，我们家的味道

疗愈人心的总是，家里的炊烟——方便菜

在料理中获得能量 ——基础必备菜

My Comfort Kitchen

料理的基本

PART 1

火候的掌控

你炒菜常常烧焦吗？
你炖出来的汤淡而无味吗？
你总是搞不清楚何时该用大火、何时该转小火吗？

火候除了关系着料理的风味与口感，也影响到烹饪的效率。但火候的掌控并不困难，只需要静下心来，观察炉火与锅中的食材状态，很容易就能上手。

火候，是指在加热烹调的过程中，依据食材的软粗硬韧，和想要呈现的口感、色泽与香气，去调整炉具火力的强弱以及烹调时间。

有人说，中式料理最重视火候。其实火候的掌控，常关系着一道料理的成败与风味，这是放诸四海皆通的道理，可不是只有中式料理如此。该大火爆炒时错用了小火，会使炒出来的青菜不绿肉丝不香；煮沸后就该转小火小滚的绿豆汤却错用成大火大滚，便会得到一锅皮开肉流的绿豆泥外加绿豆壳。

当锅已经开始冒烟，却还不知要把火力调小，那就有可能烧焦或满室油烟；因为怕大火烧焦所以全程使用小火，使得加热效率差，煮一道菜是别人的两倍时间还煮不熟。这些都是不谙火候掌控时会发生的情形，让人在厨房里觉得很受挫。

虽然火候的运用与转换需要练习，但好在并不是什么需要修炼数载的深奥功夫。炒菜的时候，留心观察自家炉具的火力强弱，调整到最合适锅中菜肴的强度，做出的菜肴就会该香的香、该绿的绿、该嫩的嫩，几次之后累积了经验，很快就能掌握操作的要领。

火力的大小调节与运用

我以煤气灶的火力和锅具之间的关系来说明，什么样的程度为大火、中火、小火，并且大略说明哪一种火力适合在何种烹煮方法中使用。

大火：火焰完全接触整个锅子底部

开大火的时候要注意，不要让火焰大到飞出锅边缘，飞散出来的火焰容易造成危险，尤其是当锅中食材含有油脂或酒类的时候，可能会造成整个锅着火，而触动家中防火警报器。开着大火意味着高温快速加热，这时你最好不要离开厨房，要时时看顾着锅中食材，以免烧焦或汤汁因大滚而溢出。

大火适合用在快炒、爆炒、汆烫、清蒸等需要快速加热熟成的料理中。以大火高温在极短时间内将食材烹熟，使食材中仍保有水分，如此炒出来的青菜翠绿，肉丝或肉片软嫩。但在家庭厨房中操作大火快炒，要记住通常在家做菜的用油量比外面餐厅少很多，而且我们一般人的炒功也没有专业厨师那么利落快速，在油少动作慢的情况下，开太大火很可能让锅中食物还来不及熟就已经干焦，因此斟酌情况适时将火力稍微调小是必须的！

另外，在需要将大块肉类表面煎上色或定型（例如煎牛排），或是要将一锅冷水或冷料煮沸时，或者是炖煮好的料理需要将汤汁收干收稠时，也常用大火来提高效率。

关于大火，还有一点需要注意。现今炉具和锅具的品质都十分精良，家用炉具也能拥有很强的火力，加上优质锅具的热传导力优异，很多时候开中火或中大火就能应付食谱书上大火的需求，请依自家的炉具火力和锅中食材状况，来适时调整火力大小。

中火：只有火焰的最上部接触到锅底

中火是非常容易运用的火力，开得略大一些就叫中大火，开得略小一些则为中小火，大部分家庭料理中的煮、炒、煎、炸，中火都能应付，一般食谱中若没有特别说明火力，也可以从中火开始料理。

小火：火焰大小仅为中火的一半，并且未接触到锅底

小火的加热速度慢且均匀，让热能缓慢地进入食材，使食材内外软嫩一致，因此特别适合用来炖煮、卤、煨和红烧。另外，烹煮易焦或体积很小的食材也宜用小火，例如爆香葱末、蒜末时。

熬煮高汤、炖煮大块或质地坚韧的肉，要使食材柔软入味，也是在煮沸后就改用小火来达到效果。

微火与余热：

除了以上的几种火力，如果家里有较厚实的铸铁锅或砂锅，也可以利用比小火更小的微火，或是熄火后用锅中的余热来进行闷煮。除了可以节省能源，也因为持续的稳定热能，能使密闭锅中的食材更加柔软入味，炖煮或红烧的料理都很适合这样做，记得要盖紧锅盖才有效果。

几个显示你该调整火力的讯号

何时该调整火力？该调大还是调小？关键在于你想要料理呈现何种口感。仔细观察锅中食材的状态，它们会以各种不同的讯号来告诉你，下一步该做什么。

油纹与烟

当锅中的油加热到临近发烟点的程度时，油脂会在锅面上形成波纹，这就是油纹，代表油已经够热，这时就要把火力转小（当需要爆香葱、蒜或煎蛋时），或者赶紧投入食材开始料理。

油纹出来后，若放着不管继续加热，锅就会开始冒烟了，此时油温通常都过高，食材下锅后若动作不够快，很容易烧焦，而且油烟味很难闻，油烟附着在抽油烟机和厨房墙壁上也会造成清洁的麻烦，对身体健康亦有害，因此要避免加热到油锅冒烟。

锅中的水

在加热的过程中，锅里的水会因沸腾而大滚，再继续煮水量会渐渐减少，因此要留意如果水太少时有可能烧焦，或水太多太沸腾时会溢出锅子，这两种情形都要适度把火力调小，让锅中的水由大滚改成小滚。像是煮粥的时候，粥水一滚就很容易溢出，因此要在大滚溢出之前将火力略转小。

相反地，如果锅中的汤水略多，想要把汤水收干或煮成浓稠状，就得把火力转大并打开锅盖，才能加速将汤汁收干。

锅中食材的香气和颜色

食材加热后就会产生香气，颜色也会改变（例如原本红色的肉变白，再变得金黄焦香）。当鼻子闻到香气出来，眼睛看到食材变色，代表锅中食物已熟成到某种程度，就可以视情况把火力调小，可避免烧焦或过熟，尤其是在爆香或煎炒时，香气和颜色是很明显的判断指标。

锅中食材的分量

通常我们做菜时，并不会煮到食谱书上标示的分量。如果锅中的食材较少，太大的火力容易造成锅中空烧的部分烧焦或食材烧得太干，因此当锅中食材分量较少时，也要适时调整火力。

当你卷起袖子进厨房做菜时，请留意炉子的火力，倾听锅中食材给你的信号，你也能完美地掌控火候，做出喷香适口的菜肴。

厨房里的顺序

你在厨房里的模样，是一派从容地轻松优雅，
还是紧张失措、脑袋空白地团团转？

厨房里常常有许多动作同时进行，水槽里洗着、浸着、晾着，砧板上刀子切着、理着，炉台上烧着、煎着、烤着，这许许多多的现在进行时，如果没有一个合逻辑的顺序，就会让人手忙脚乱，徒增紧张感和疲累感，这也是许多人想远离厨房的原因。

所以，让我们一起了解厨房里的各种顺序，操练出自己的节奏，当你的厨房不再如战场，而是一个任你挥洒的舞台，你才能感受到厨房的疗愈力。

厨房小宇宙里的各种顺序先后

买回来的蔬果肉鱼哪个先处理哪个后处理才不会互相污染？冰箱里的食材哪个要先煮来吃掉哪个又还能再放几日？要开出一餐饭应该哪道菜先做哪道菜后煮才能全体上桌还热腾腾？是要先煮水清烫还是先做煎炸才能少洗一次锅？

哪个优先哪个放后头，主要是依照你家所需的情况来决定；进厨房之前，先花一分钟想好一个合理的顺序流程，如此，你接下来要做哪些事，顺序如何才会有效率，在心中便已有一个计划表，你就可以按部就班一样一样来，而不会手忙脚乱。

接下来，我将提出几个厨房里常面对的顺序问题，我们一起想一想，怎么做才能让厨房工作更有效率、更有组织也更轻松。

食材的处理顺序

当你从市场买了一篮子菜回来，有水果、有蔬菜、有肉、有蛋、有鱼，顺序的问题就从这里开始。

食材的处理顺序，不论是清洗、切割或浸水、腌渍、汆烫等，基本上都是按照食材类别，先从污染力较低的开始，污染力较强的则放最后。

举例来说，干货类、可即食的熟食或加工食品，和生食用的蔬菜水果应该最先处理，接着才是肉类、蛋类和海鲜鱼贝类。

此顺序非常重要，只有这样做才不会让生熟食交互感染，这是从卫生与安全的角度考虑。如果先处理肉类和海鲜类再处理生食蔬果，那么在清洗和切割的过程中，血水脏污会弄脏水槽、工作台、砧板、菜刀和你的双手，很容易就污染了后面的生食蔬果，这是非常麻烦的行为，请记得一定要避免。

手上现有食材的使用顺序

永远记得，食材的使用顺序是“先进先出”。

食材的新鲜度是最重要的事，时间上越早购入的食材，就越要尽早煮掉食用。不论是青菜还是海鲜肉类，买回来后的鲜度下降速度都是与日俱增的，趁新鲜食用才是美味与不浪费兼得的做法。

习惯一次购买大量食材的人，把食材送进冰箱保管前最好标注购买日期，才不会新旧混杂，也能提醒自己哪些食材应该要尽快煮制吃掉。

另外，那些保质期较短、容易老化腐败或是快过期的食材，也要尽快处理，如新鲜的豆类和豆类加工制品（豆腐、豆干、豆浆等）、牛奶、鸡蛋、新鲜菇类与冷藏肉类等。

烹煮调理的顺序

做菜时也有顺序，特别是你想一次做好几道菜的时候。规划好一个合理顺序，妥善运用时间差，可以缩短做菜时程，为自己多争得一些自由的时间。

花时间的先烹调

料理食物时，花费时间较多的常常不是在烹煮过程，而是食材能下锅前的清洗切理等准备工作。所以你要把花时间的事儿先做好备着。

泡发香菇或虾米等干货、需要抓盐出水或腌渍入味的菜色、炖煮高汤、炖煮大块的肉、煲汤与煮饭煮粥等，这些都是需要时间的工序，可以先处理起来，利用等待入味或炉火加热的时间，你还可以再做别的事。

举实例来简单说一下，假设你今天要做四道菜，有香菇鸡汤、凉拌小黄瓜、炒青菜和米饭。那么你的烹调顺序可以是：先洗米浸泡，再把小黄瓜切好抓过盐出完水与腌料拌好腌上，这时米泡好了就可以进电锅开始煮饭，然后再把香菇鸡汤的材料下锅，放到炉子上开始炖煮，于是饭煮好的时候，香菇鸡汤也炖好了，小黄瓜也入味了，你只要在鸡汤和饭快煮好的最后十来分钟，把青菜洗切好下锅炒好，就可以开饭了，等于你在同一段时间里，完成了四道菜。

凉拌菜，冷着吃也好吃的菜，先预做起来备着

有些菜式，一定要刚做好热腾腾的上桌才好吃，像是中式热炒菜和炸物，自然得要在开饭前的一小段时间里快速做好。但凉拌菜，或是一些放凉了吃也一样好吃甚至更好吃的菜，你便可以斟酌时间先做起来，让准备开饭的时间更充裕。

我常利用假日空档，一次做好两三个凉菜，用保鲜盒装好备在冰箱里。这类的常备小菜，在忙碌的工作行程里，对快速上菜开饭有很大帮助。

在本书第二个章节里，我分享了许多道我家的凉菜食谱，请务必一试。

掌握按部就班的节奏

初入厨房的人，如果想要让自己不紧张、不东遗西漏，能更自在从容地做菜，那么按部就班的节奏就是你需要掌握的。

什么是按部就班呢？就是一次只专注完成一种动作，而不是没有节奏地乱做一通。

做菜的顺序，应该是：清洗→切割与预处理→烹煮。

按部就班来做这些动作，就是该清洗的一次全部清洗完，接着该切分的食材一次全部切分好，材料都准备好了，要用的道具和调味料都一字排开备用，你就可以从容不迫地下锅料理了。

养成这样按部就班的工作习惯，在心里就有了一个合理顺序、一个计划表，只要一步步去完成，就不会遗漏或出错，降低慌乱感，不慌乱就不容易失败，渐渐地你会建立属于自己的节奏和方法，掌握厨房里的程序，对厨事也会越来越得心应手。

练习才能造就完美，请常常下厨吧！要从新手变高手，需要的是练习，多做常做，身体记住了节奏，自然而然就会进步。

Galaxy

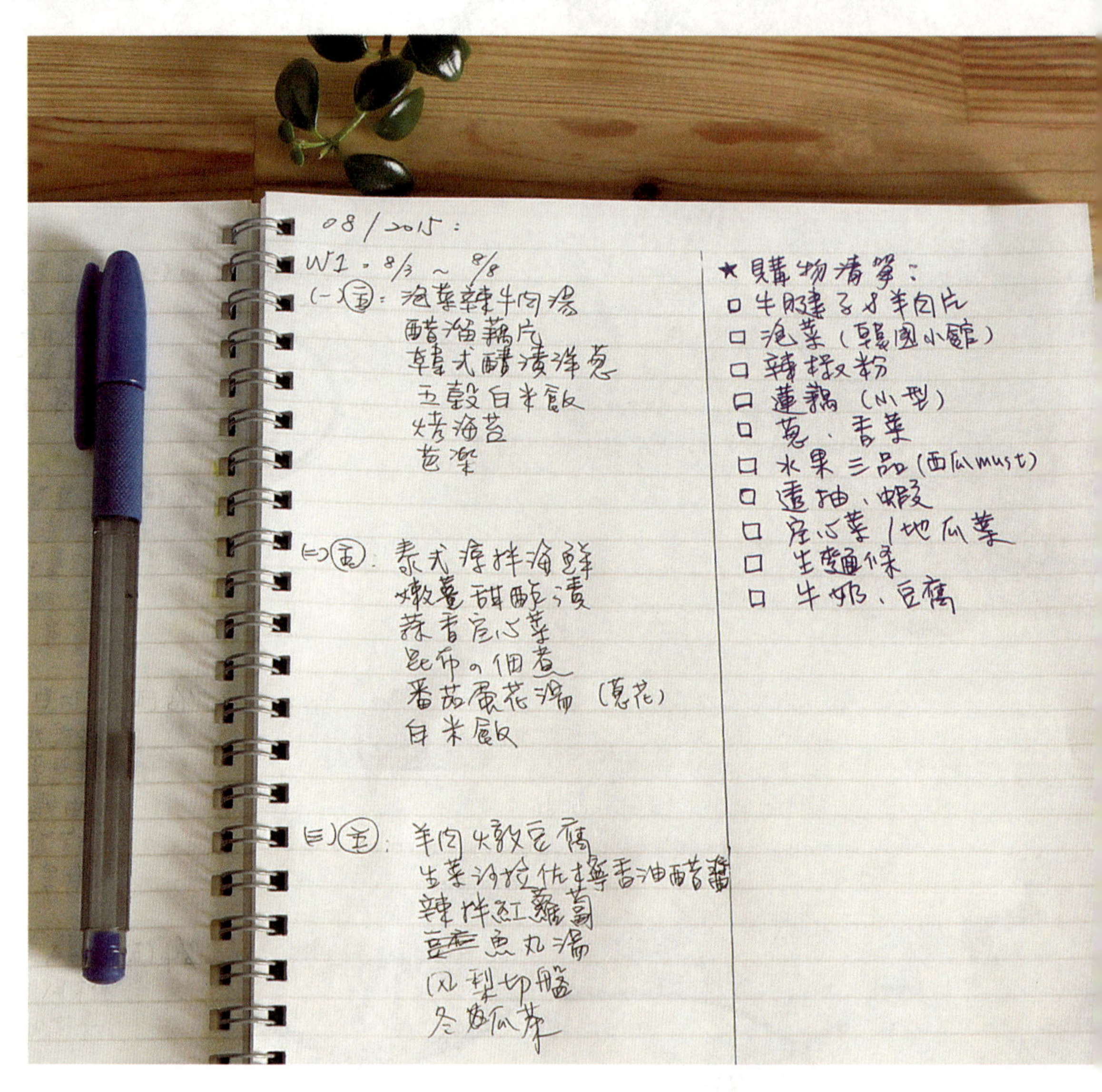

开立菜单的方式

开立菜单，也就是思考一餐里要做些什么菜，以及该买些什么菜的过程。

合理开立菜单后，就能在餐桌上呈现一顿均衡而美妙的餐食，除了使人食指大动，更满载着煮食者的心意，让吃的人获得滋养，这就是在家吃饭的意义。

以我家为例，我通常在周六、周日休假时，预先想好开出一周的菜单。有了菜单，就等于也有了一份采购清单，如此上市场买菜时便能笃定，不会逛了一圈还是不知道该买什么，也不会因为被推销或因为便宜就冲动性购买吃不完的分量，或者重复购买家中已经有的食材。

如果有时间，每天或间隔两三天就上市场采买，开立菜单的单位也可依买菜的频率来调整。

在开立菜单的时候，以下几个事项可以帮助你思考：

家中已有的食材有哪些？需要再购入哪些食材来搭配？

记得我们在上一篇厨房里的顺序中提过的，食材的鲜度至为重要，应该以先进先出为原则。因此在构思菜单时，第一个便要先想想家里目前有什么存货，是鱼是肉还是蔬菜？可以如何运用搭配？

以家中目前所持有的食材为出发点，就很容易能够想出几道菜来，以及还需要采买哪些食材来搭配。

先决定主菜，再决定配菜

分别明确主菜与配菜，并且先决定主菜，列出来。有了主菜，再去想能与之搭配的副菜，就能很容易列出菜单了。

主菜通常分量较大些，以提供主要的饱足感。例如，主菜如果是一锅炖肉，那么可以再搭配较小分量的海鲜或其他两三款的蔬菜作副菜。

我自己在考量主菜的菜单时，会注意到食材搭配是否具有多样性且营养均衡的特点。例如，以一周内五个晚餐来讲，我会安排主菜一天是肉类（鸡、猪、牛、羊等肉类）、一天是海鲜（鱼、虾、贝类等）轮流吃，海藻类、豆腐和鸡蛋则是我们家特别喜欢的食物，也几乎每周都会出现在菜单里。

在菜肴的分量上，则要考虑几个人吃饭和家人们的食量，尽量确保准备的是可以一餐刚好吃完的分量，不要有剩菜，尤其是不耐久放、隔餐吃便色香味全失的菜不要剩，例如炒青菜或贝类。

适量多样的均衡搭配

尽量不要让同一种食材同时出现在餐桌上，像是“撞菜”的场合。例如，你若是做了玉米浓汤，就不要同时再做一份玉米炒鸡丁；又例如，你做了番茄肉酱，就别再搭配番茄汤。重复的食材会带来味觉上的无感，反而凸显不出食物的美味，这也常常是容易吃腻和有剩菜的原因。

适量多样的菜色搭配，能让人体均衡摄取多种食物的营养。

当你已经准备了米饭或面条，就不要再有过多分量的淀粉类食物；或者主菜已经是大块的肉排或炖肉，就不要再有其他肉类的配菜。

若希望餐桌上的食物能符合多样性的均衡搭配，那么从采买食材时就要留意设想。以现今社会大多数是小家庭或没有日日开火煮饭的情形来说，买菜时不要贪便宜、贪多，最好尽量小分量、多种类地购买。我家就是只有两口子吃饭的小家庭，我特别喜欢去传统市场或农夫市集买菜，其中一个原因就是这两个地方买菜的分量很有弹性，就算我只想买一小把青菜、两根青葱、五只虾都不是问题，不必像超市或大卖场那样一盒盒、一包包，分量很固定，买起来受限。

五味五色的平衡

五味是酸甜苦辛咸，五色则是指绿黄红黑紫这几种颜色的食材。一餐饭里，最理想的状态就是五味平衡、五色兼具，而不要偏重于一味一色。

主菜是咸味，那么可以搭配酸甜或酸辣味的副菜。主菜若是辣味，就别再配也是辣味为主的配菜。如果主菜的味道非常强烈，例如咖喱，那么配菜就不妨清淡些，例如醋渍黄瓜或蔬菜汤。不同的味觉交替能带来平衡，更凸显餐桌上的主角，不致使味觉麻痹，吃什么都是同一个味儿。

若有想不出菜色的时候，我也会试着以五味五色来联想。例如，已有了一盘炒绿蔬，那是否配个艳红黄灿的番茄炒蛋？用颜色来决定菜色搭配，各色缤纷的菜肴呈上桌，餐桌上的风景也美丽了起来。

冷热的搭配

台湾人似乎特别喜欢热食，但其实冷食与热食搭配出现的情况是很常见的。像日本人会吃热热的米饭味噌汤，配的是冷的渍物或凉拌菜；韩国人爱吃烧滚滚的泡菜锅豆腐锅，配上各式的凉拌小菜；还有上海人，去上海菜馆总能见到柜台上一盆盆的盆头凉菜，配饭下酒皆宜。

在我们自家的餐桌上，当然也能如法炮制，一餐饭里有冷菜有热菜，提供给味觉更多的变化，增进食欲。我特别喜欢凉菜的原因之一就是大多数的凉菜都能事先准备，做好了放在冰箱有的还能保存数日，随时可为餐桌增添一品菜色，十分便利。

在开立菜单的时候，不妨加入一两个凉菜吧！

餐桌上的季节感

你是否感觉到，在不同的季节、不同的气温、不同的天气下，你特别渴望想吃的食物也会不一样。

寒冷的冬日里，是不是特别想来一碗热乎乎的麻油鸡或姜母鸭？炎炎夏日里，是不是常想来一盘凉面，或是酸辣醒脾的泰式凉拌青木瓜？

盛夏时节盛产各式瓜果，这时就无需执着硬要吃冬天才美味的萝卜。这是为了经济和美味的双重考量，当季盛产的食材不仅滋味最鲜美，农民也可以减少用肥用药，价格亦便宜，不论是对人体还是对土地都是最友善的做法。饮食的多样化也是建立在各种食物轮着吃的基础上，不要偏颇。

在思考自家菜单的时候，试试依随着四季流转，让餐桌上的风景也能互相呼应，这是顺天应人的最佳生活方式。

考量自己与家人的身体状况和生活作息

餐桌是表现对自己和家人的爱与关心的地方。

我好像要感冒了，来炖个鸡汤补充体力吧；老公常有应酬或是晚归，便为他准备较为温和、不会刺激胃肠的食物；孩子刚考完大考需要放松心情，来准备他爱吃但平常不太会做的菜肴；明天是爸爸的生日呢，多费点心思准备他爱吃的菜肴吧……

这种家的温度，其实正是我们最需要的。这也是为什么人们常说，吃遍外面的山珍海味，也比不上家里的一餐粗茶淡饭。一餐付出自己关怀与心意的饭食，也是一种幸福疗愈呢！

吃饭和料理都应该是轻松有趣的事，不妨带着好奇心，大胆尝试，试试各种组合。实在没有灵感的时候翻翻喜欢的食谱书，常常会有意想不到的新发现，这也是在家吃饭的乐趣。

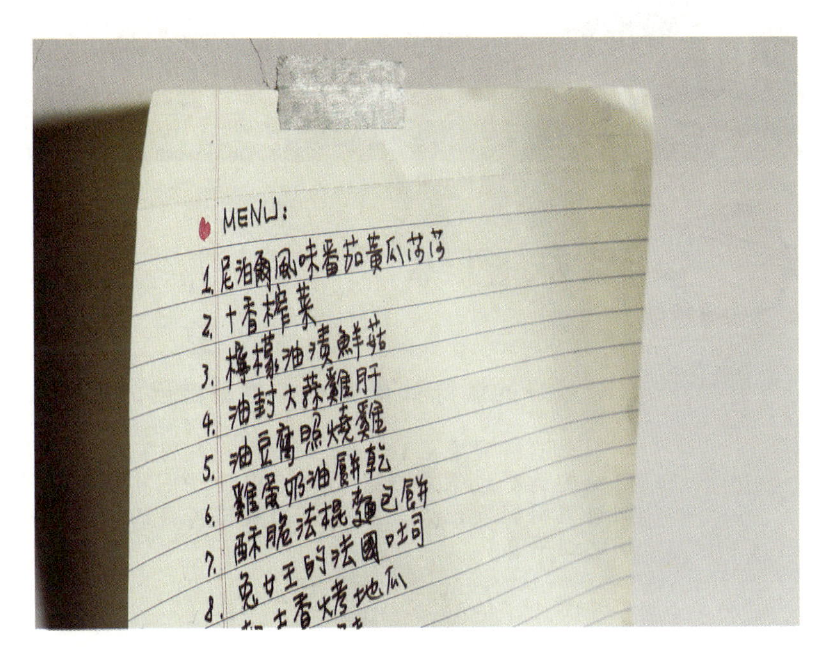

调味的练习

最好的调味计量道具，就是自己的舌头

一道料理要成功，除了新鲜的食材和适宜的火候，合自己口味的调味也很重要。调味不仅仅是把甜咸酸辣的各种调味料加进菜肴里而已，还要能引出食材本身的风味，让五味之间互相达到平衡。

永远别忘记，尝尝味道

当你无法完全掌握调味料的用量时，别将调味料一股脑儿全部投入，最好分次加入，边加边尝，不够再加，慢慢调整，找到最喜欢的味道，然后试着记住这个味道来自哪些调味料的组合，以及调味料的用量，你就拥有了成功的经验。

另外，有许多食材和香辛料本身就带有意想不到的咸味或甜味，例如蛤蜊带有颇重的海水咸味、白胡椒粉也微有咸味、八角带有甘味、肉桂能引出甜味，因此在料理的最后一定要先尝尝味道，再撒入决定咸度的调味料分量，这是避免过咸或过度调味的方法。

认识手中食材和调味料的真正滋味

知道手上拥有的食材和调味料真正的滋味是什么，是调味的基础，方法是通过舌头去品尝。

也许你会想，我知道食材的味道啊，青菜、萝卜、酱油是什么味道我怎么会不知道啊！可是，请想一想，冬天的萝卜和夏天的萝卜会有一样的味道吗？同是台湾本地种植的萝卜就有五六种以上不同的品种，各自的味道也不太一样；即使是同一品牌的酱油，都可能因为酿造原料不同、季节温度等差异，尝起来的咸度香气也可能不同，何况不同的品牌，风味上的差异更会存在天差地别。

所以，调味的练习最重要的，就是用舌头尝。买回一根萝卜，洗干净削去皮，切一小块放入口中嚼一嚼，尝尝看甜度、辣度如何？是否带有苦味？新开封一瓶酱油、一瓶醋，以小匙取一点来尝尝看，咸度及香气如何？不要小看这一点小动作，味觉是有记忆的，常练习尝味道，身体会记住这些味道，帮助你在调味时更精准拿捏。

调味的平衡

咸味能使甜味更明显。煮焦糖时可以加入一小撮盐来引出甜味，或是吃西瓜时撒一小撮盐，让西瓜吃起来更甜。西餐前菜也常见把咸味重的生火腿、腌肉和甜味的哈蜜瓜一起吃，这也是调味平衡的表现。

酸味则可带出咸味，也能使甜味更融和，并且平衡整合各种食材的味道。有时候做沙拉或凉拌菜，觉得尝起来好像欠一味，这时不妨加点醋或柠檬汁，常常就会收到意想不到的效果。此外，因酸味也有平衡辣味的作用，所以许多辣味的菜式会加一点儿醋来增香。

有时候光加盐若感觉味道不够丰富，可以试试减少一点盐改加入酱油，酱油的甘甜味可以平衡过咸的口感。

调味的时候不妨大胆些，尝试不同的调味料组合，也许能为平凡的餐桌碰撞出不同的火花。

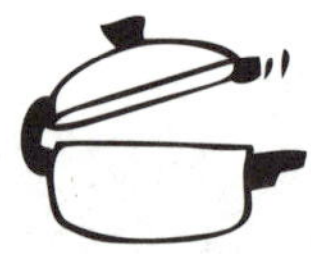

基本的调味料

成就一道美味的料理，除了新鲜的食材，还离不开严谨制作的优质调味料。

我很喜欢尝试各种调味料，像是做实验也像是玩游戏，从开始做菜以来，我就以神农尝百草的精神，到处去收集各种调味料来玩。不过，在使用了无数的调味料后我才发现，最重要也是真正最需要的，其实只有最基本的油、盐、糖、酱油和醋。

这些基本调味料的品质和味道极为重要，因为越是基本的东西，越是不能偷工减料，好的调味料能为料理锦上添花，坏的调味料则会毁了料理。化学合成的调味料不仅麻痹味觉，让舌头尝到的味道与天然调味料感觉几乎一样，还有可能让人失去健康。在基本调味料的选用方面，请不要轻易妥协，即使可能需要多付出一点钞票，也别吝惜。

下面就分享下我家爱用的调味料，也是本书食谱中所使用的调味料。

你可以依自己与家人的饮食习惯和口味喜好来选购，倒不必限制一定要买什么品牌，只要是自己喜欢的口味，成分单纯，并且是信誉良好的商家所生产的产品，都是很好的选择。

家里也并不是只有一次备齐所有调味料，才能煮出色香味俱全的菜，只要事先准备好最基本的油、盐、糖、酱油和醋，就足以应付大部分料理了。某些食谱里会用到的特殊风味调味料，例如日本本味醂和泰国鱼露等，则可以视需要和喜好一项一项地慢慢添购。

油脂

油脂为料理带来香气，也是人体所需的能量来源。选择物理性压榨提炼、没有经过化学精制加工的油品，才能同时获取油脂的美好香气与营养。各种油脂的发烟点和脂肪酸组合比例皆有不同，在加热使用上必须有所分别，才不致把好油烧成坏油。

高品质的油脂都怕光、怕热、怕氧化，且一旦开封后其鲜度和香气就会开始下降，因此最好保管在无阳光直射的冷暗处，远离炉火或烤箱热源，购买小包装的产品尽快用完为宜。油脂一旦发出油臭味或变得浓稠，就已严重变质，应该丢弃，不要再食用。

依照烹调温度的不同，我家使用的油分为两大类：

第一类是高温烹调使用的，这类油脂的特性是发烟点高，以及稳定的饱合脂肪酸比例较高，因此适合较高温的热炒或煎炸。我常备的有动物性无盐奶油、椰子油、鹅油，有时候也会自己炸一点猪油或鸡油。奶油适合西式料理和甜点烘焙；椰子油我常拿来做面包和印度风味的菜，也会和其他油脂混合使用，椰子味就不会那么重；鹅油、鸡油、猪油则没有限制，中式的煎炸爆炒或西式料理都很适用。

第二类则是中低温拌炒、水炒或凉拌使用的，有 Extra Virgin 冷压初榨橄榄油、白芝麻油和辣油。橄榄油在我家十分万能，做酱汁，做腌料，或拌炒，或凉拌，或油封，都少不了橄榄油。在本书食谱中所使用的橄榄油，指的都是 Extra Virgin 冷压初榨橄榄油。白芝麻油则是中式、韩式和日式料理不可或缺的，虽然我是国产本地货的支持者，但这瓶韩国不倒翁牌的百分之百纯芝麻油，在风味和香气上表现都实在太卓越，让我愿意破例购买。好的辣油能为料理调味带来绝妙的平衡和味道，有时候做凉拌菜觉得还欠一味，通常只要滴上几滴辣油，整个味道就会大大提升，非常好用。

盐

我使用非化学精制的天然海盐。天然海盐保有丰富的矿物质和微量元素，能满足我们身体所需，而且好的海盐不会过咸，能够完全引出食物的本味与鲜味，炒菜调味或做腌渍，都非常好用。在本书食谱中使用的都是天然海盐，若你习惯使用精盐（可以看包装成分表上写有氯化钠，即是精盐），由于精盐的咸度比天然海盐略高，在盐的用量上可能需要酌量减少；若你使用的是减钠或低钠盐，则有可能咸度味觉上比天然海盐略低，在用量上也需要斟酌调整。记得在料理的最后，一定要尝尝味道，依自己和家人的口味调整盐量，这才是最重要的。

我家爱用的天然海盐有两款，一是历史悠久的法国给宏德灰盐（gros Sel de guerande），一是中国台湾本地的台南北门井仔脚天日盐，可轮流购买使用。

甜味调味料

我家常备的甜味调味料是糖与蜂蜜。

不使用精制的白砂糖，我偏好原色、无加工、无漂白的糖。在本书中若没有特别说明，则使用的是原色红冰糖粉，或者也可以使用容易购买的二砂糖。

红糖，又叫黑糖，是最原始的糖，香气浓郁，我爱用新竹宝山糖厂的黑糖粉，比起块状的黑糖更易于使用，可在冬日里煮红糖姜茶或地瓜汤时使用，也可以在料理中放一点来增香，都很合适。

请注意精制白砂糖的甜度比红糖、红冰糖粉和二砂糖都略高一点点，若使用白砂糖来料理，要注意糖量可能需要少量酌减。蜂蜜除了具有香甜的滋味，还能为料理增添漂亮的光泽，令人食指大动。请从信赖的蜂农或商家处购买，或是购买包装上贴有国产蜂产品证明标章的蜂蜜，以免买到假货。

酱油

酱油大概是最令我着迷的一种调味料了，那引发食欲的香气和色泽、自然的甘咸味，不论是一盘简单的白切肉蘸蒜泥酱油，还是要成就一锅香喷喷的肉臊或卤味，都怎能少了酱油的滋味呢？

我喜欢台湾本地老铺的纯酿造酱油，因为其没有添加化学物质，成分单纯。酱油的风味和香气十分珍贵，但是一旦开封后，风味和香气就会开始消散，开封后的酱油最佳赏味期是 1 ~ 2 个月内，因此最好购买小瓶包装，开封后尽快食用，并记得使用后拧紧瓶盖，置于冰箱中保存。

我会在家中常备两至三款不同的酱油，依照不同的料理需要来使用。不同的酱油在风味、香气和咸度上都有天壤之别，在放酱油调味时别忘了边尝边加，以免过咸。

台南后壁的永兴白曝荫油，是以黑豆为原料酿造而成的，因为没有添加焦糖色素，所以酱色略浅，我将它用在各式料理中，特别是在不希望料理颜色太黑的时候会使用。

新竹竹东镇的东阳酱油则是以豆麦原料酿造的，使用非转基因的大豆。我特别喜欢它作为蘸酱、淋酱或凉拌调味品时的表现，其滋味单纯不会抢走食材原味。我常用白煮蛋来测试酱油的滋味，像白煮蛋这样再原味不过的料理，能完全突显调味料的功力高低。

来自高雄的民生壶底油精，包装独特，是一小罐一小罐的小包装，这其实是很好的设计，能确保酱油开封后尽快被用完，以免风味和香气流失。这款酱油中添加了甘草，这是台式酱油的特色之一，甘草和黑豆酿造的甘甜味很适合做较长时间卤炖的料理，例如卤味和红烧，越炖越香。

辣味调味料

我们家都爱吃辣，尤其我丈夫是个无辣不欢的家伙，简直没有辣椒就吃不下饭，因此各式辣味的调味料也是必备品。

辣椒酱我喜欢油分少、成分简单、滋味比较清爽的。Tabasco 辣椒酱是吃意大利面时的必备品。韩国辣椒粉和日本七味粉可以作为腌料，也可以加在汤里增香。辣椒粉有不辣、微辣和较辣的区别，购买时可向店家询问。

黑胡椒与白胡椒是最万用的香料，几乎大多数的料理都会用到。胡椒的香气散失得非常快，最好是小分量地购买。我习惯购买整粒的黑胡椒粒，装在研磨罐里，要用时现磨。白胡椒常用的则是在中药行购买的现磨白胡椒粉，味道特别香。中式料理用的白胡椒粉常带有微微咸味，调味时要稍微注意。

酸味调味料

料理中的酸味能带来清爽的风味，开胃解腻。酸味还能提出咸味，平衡辣味和甜味，是不可缺少的一种味道。最主要的酸味调味料是醋和带酸味的水果。

醋是最古老的调味料之一，可增香、去腥除臭、软化肉质和析出骨头中的钙质，选购重点是选择自然发酵的百分之百纯酿造制品。

我家常备的醋有米醋、乌醋和白葡萄酒醋。米醋是在亚洲地区最常见的酿造醋，台湾常用的原料则是糯米。一般的米醋颜色较淡，也就是俗称的白醋，酸味较为明显锐利，我常将它用在需要较强酸味的料理上，例如中式的醋溜或糖醋料理。陈年米醋的颜色较深，酸味较为圆润，我喜欢用来凉拌或腌渍。乌醋则是台式料理的灵魂，酸甜中带有果香，有时候我也会将它混合米醋和黑醋一起用在料理中，各取其香。白葡萄酒醋则是西式料理中常用的，爽口的酸味带点甜，很适合做成凉拌、腌渍和沙拉的酱汁，许多市售的白葡萄酒醋会添加亚硫酸盐或亚硫酸氢钾等来保鲜，因我不太喜欢这种加了添加剂的，所以购买时总会特别细看成分表。

除了醋之外，柠檬和金桔等柑橘类水果的酸味和香气也非常让人喜爱。一年四季我家天天都备有柠檬，在煎好的鱼或肉排上，挤上点柠檬汁，风味立刻升级，做凉拌或沙拉酱汁亦十分好用。刚开始学做菜的人可能觉得醋是比较难掌握的调味料，可以试试改用柠檬，会比较容易上手。

酒类调味料

酒可为食材减腥增香，引出食材的本味，是我们家非常爱用的调味料，常备的有无盐的纯米酒、金门高粱酒、陈年绍兴酒、白酒和本味醂。

味醂是日式料理的一大特色，由米、米曲和酒一起发酵酿造而成，能够去腥和软化肉质，为料理增添雅致的芳香甜味和光泽。市面上卖的味醂分为本味醂和味醂风调味料两种，本味醂是以传统制法酿造而成，因此含有酒精，风味香醇层次丰富，售价略高，而味醂风调味料则是由糖类和其他调味料合成，通常不含有酒精，价格亦较廉宜。我喜欢纯酿造的本味醂。在台湾，本味醂可以在大型百货公司的超市购得，如果买不到本味醂，或是不喜欢有酒精浓度的，也可以使用一般超市或大卖场容易购得的味醂风调味料，但我不太建议以砂糖加酒的方式来代替味醂，不论是风味还是功能，都与味醂是完全不相同的东西。

在使用酒类调味料时，请注意要好好煮沸，才能把酒精挥发并只留酒香，如果残留太多酒精在菜肴里，尝起来便会有淡淡的苦味。尤其是比较不能接受酒味的人，记得要多煮一会儿。

我家常备的其他风味调味料：

不论是亚洲风味的调味料，还是欧美的西式风味，这些调味料在菜肴中运用得都非常广泛，风味也是我们台湾人很熟悉的。不妨尝试着使用看看，就算是做中式菜肴也能使用，它们能为料理增添不同的滋味和情趣。

泰国鱼露：泰国料理必备的调味料，咸味浓郁。

日式美乃滋：相较于台式美乃滋的厚重甜味，日式美乃滋的味道较清爽，甜度低了许多，因此可以更广泛地运用。

法式第戎芥末酱、酸豆 Capers、油渍鳀鱼、腌渍橄榄：
这些都是西式料理不可或缺的风味食材兼调味料，在百货公司附设的大型超市内能有比较多的选择，购买时细看成分表，最好不要选用有化学添加物或防腐剂成分的。

Parmigiano-Reggiano 奶酪：
在英美地区又称为 Parmesan 奶酪，这款硬质乳酪是意式料理中很重要的一款食材，但我常把它当作是调味料，称它是意大利人的天然味精，做西式料理或沙拉的时候，在最后添加一些帕玛森乳酪，就能带出完全不一样的风味，非常神奇。帕玛森乳酪最好是购买分切成一整块的，置于冰箱中保存，需要时现磨现削，才能得到最好的香气和风味。

只想买好东西

新鲜味美的食材之重要性，正如知名法式料理厨神Julia Child所说：“你无需做什么花哨复杂的经典料理，只需要以新鲜食材来烹煮。”

上市场练功夫

我买菜从不只到一处去，我常像花木兰那样“东市买骏马西市买鞍鞯”。我喜欢上传统市场，也爱去逛各地的农夫市集，向信赖的农家订购食材宅配到家很便利，超市大卖场或农夫市集各有各的强项，我一样逛起来乐不可支。

总之，哪里有卖好东西，我就往哪里去。

我身边的老太太们喜欢固定去同一个菜市场向同一个摊位买固定的东西，例如固定在甲摊买肉、乙摊买菜、丙摊买鱼，但我很少这么做，我喜欢研究不同市场里不同店家不同店主卖的东西有何不同。如此多年实际操作下来，我拥有了自己的一套买菜路线。我知道如果 A 摊的鱼今天不够新鲜，我还能去 B 摊看看，而不是勉强在 A 摊凑和着买；我知道 C 摊的叶菜类特别新鲜但根茎类还是要 D 店的比较好。这就是上菜市场的好处，你会有很多的选择，不像超市或大卖场，全都是制式化的固定商品。

上市场的另一个好处是自由，超市里的食材都是固定分量包装的，例如你只需要两根葱，但超市里永远是一包一大把的葱，买回去常无法如期用完，只能烂掉浪费。可是在传统市场，所有食材都可以称斤论两零买，想买多买少都可以由自己决定，像我家人口少，或有些食材只是提香增色所需极少，只要我上菜市场就可以只买两根芹菜、一小把辣椒、一根胡萝卜，也可以只买几只虾、一小块肉，买多买少全都由我决定，自由度极高。

传统市场还有一个令我心仪之处，就是所有的东西都可看得见、摸得着、闻得到，比起超市里那些用保鲜膜封包起来的食材，传统市场的食材鲜度更能眼见为凭，尤其我买菜常会依据食材闻起来的味道来判断是否新鲜或是否加了什么奇怪的东西。此外，在传统市场或农夫市集，因是直接与贩售者和生产者面对面，所以当你对食材或烹煮方式有任何问题时，都可以立刻询问而得到解答，这一点也是自助式的超市大卖场无法提供的。我常觉得上市场实在可以学到好多东西，例如我在市场里学到，新鲜的鱼应该要眼睛清澈明亮而且闻起来不该有臭腥味；肉摊上的肉若不够新鲜，靠近便会闻到一股油耗味；新鲜正当季的莲藕怎么煮都不会变紫黑；体形太粗大的小黄瓜往往籽很多而味道淡；笋尖发绿的竹笋通常有苦味；太大瓣的蒜头很多是从内地运过来或是大量生长激素种出来的；夏天的白萝卜不甜而苦辣味重……以上种种都是我在传统市场和农夫市集里学来的。

买菜时也有顺序，列出购物清单会比较容易安排路线，先去采买可常温保存、不容易腐坏的食品，例如调味料、干货和罐头等；再去购买青菜蔬果；最后才买需要冷藏冷冻或容易腐坏的食材，例如肉类、海鲜、牛奶、豆腐等，而且要记得买完这些东西最好直接回家。

若是夏天天气很热时上市场买菜，或是买完菜还有其他事情要办无法立刻回家，那么记得在菜篮里把买好的菜稍作分类，最大原则是生食与熟食要分开妥善封装，避免交叉污染；需要低温保管和易腐坏的食材，最好能自备保冰袋来盛装，或是请店家给一包冰块。

下图就是我的买菜三宝，我喜爱的草编提篮，重量很轻容量很大，好清洁又快干，弄湿也不怕；亚麻材质的保冰袋容量够大，折叠起来小小的，放在草编提篮里一起上市场，买肉买鱼买牛奶都可以被好好安置；利用回收的饮料瓶自制冰块，放在保冰袋里一起出门，这样一瓶厚实的冰块，保冷效果比店家给的一小包碎冰块更持久，而且回家只要擦干净瓶身再放回冷冻库，就可以一直使用下去，好环保呐！

我的私房采买店家清单

我几乎天天都会收到询问什么东西要去哪里买的问题，嘻嘻，像寻宝一样的到处去收集好吃好玩好用的东西正好是我的兴趣，在此公开我的私房采买店家清单。

食材与调味料

杨记尚好蔬果

zh-cn.facebook.com/goodvege

宜兰的小农家，以独创的农法来栽培各式应时蔬果，也有少量供应自家放养的土鸡和土鸭。外县市也可宅配。

大王菜铺子

www.buylocal.tw

贩售花莲本地种植的农作物和自制加工制品，七星潭海域的海鲜，也有猪肉、鸡肉等，品类繁多。以网络购宅配为主。

绿农的家

www.greenff.com.tw

位于屏东的小农通路，我特别喜欢从他们家订购水果。

上下游新闻市集

www.newsmarket.com.tw

由独立的媒体组织所经营的市集，贩售台湾本地小农生产的优良产品，每周现磨花生酱非常美味。有实体店铺也可网络订购宅配。

各地农夫市集

farmersmarket.ushahidi.tw

这个网站可查询到全台农夫市集地点和营业时间，可以就近光顾你方便去的市集。农夫市集里不但可以买到认真种植生产的食材，更可在此认识我们的土地、农民和农作物，帮助我们掌握自己的饮食自主权。

新合发

www.freshmackerel.com

自有渔船且自有工厂的海鲜供应商，以网络订购宅配为主。

黄大鲜

台北市民族东路 336 号

隐身于台北市第二果菜市场里的食材选物小铺，贩售店主上山下海寻找来的隐藏版优良食材。

上引水产

www.addiction.com.tw

购买品质极佳的海鲜、昆布、柴鱼、进口罐头和稀奇古怪食材的好地方。

神农市场 Maji food & Deli

www.majifoodanddeli.com

出售各种台湾本地好食材与调味料。逢周末时，旁边的花博广场还会有各地的农产品市集可逛。

freshONE 太平洋鲜活

www.freshone.tw

有机生鲜超市，有许多品质不错的葡萄酒、橄榄油、奶酪、调味料等。

南门市场

www.nanmenmarket.org.tw

几乎没有在这个市场里买不到的东西，尤其是各省南北货、干货、腌菜、腊肉、金华火腿、熟食、特色调味料等，都有老字号店铺在贩售。一楼的南园可以买到美味的酸白菜、白肉片、榨菜。协盛福州商店什么都有卖，我特别喜爱这里的大红袍花椒和干辣椒，虾米、小鱼干等也很好。B1 的阿荣海鲜摊有新鲜又价格合理的海鲜，买虾时老板还会帮忙去肠泥，很贴心。同在 B1 的阿万蔬菜摊，则是只卖新鲜好货，在这里绝买不到烂菜、泡水菜，老板是一本活的蔬菜百科全书，可以解答你的任何疑问。

全家烘焙材料行

台北市罗斯福路五段 218 巷 36 号

店里除了有与烘焙甜点相关的众多材料和器具，也有不少进口和本地食材，例如我爱用的法国给宏德灰盐和中国新竹宝山糖厂的红糖，这里都有售。

PEKOE 食品杂货铺

www.pekoe.com.tw

本地和进口食材与杂货选物店，自有品牌的陈年米醋风味绝佳，值得一试。有实体店铺也有网购宅配服务。

厨房道具，杂货与食器

温事

www.studioss.com

由生活家米力主持的选物小铺，我爱用多年，喜欢店里自然不造作的选物风格。

日日好物

tw.bid.yahoo.com/tw/user/Y4139828295

店主不定期自日本带回可爱的小锅、小道具和餐具，常有令人惊喜之物。

玻璃城

台北市大同区太原路 11-2 号

后火车站商圈是寻宝的好地方，这家玻璃城贩售所有跟玻璃相关的瓶瓶罐罐和器皿，品类繁多，价格廉宜，是买果酱瓶或玻璃保存瓶的好地方。

越基本的越要讲究，家庭料理的三大基础

刚开始学做菜的时候，我非常迷恋那种标榜“大厨不外传的秘密”及教你“几分钟做出一桌菜”之类的食谱。

实际试了许多次，才渐渐在大多数以失败收场的教训里，懂得了那炫丽的标题下，还有很多很多没有交代清楚，甚至连提都没提到的细节和基本功，我想利用小窍门一步登天，厨艺一鸣惊人，简直头脑简单。

不过，人总能从失败里学到真理，现在那些华丽的食谱已于我如浮云，我更看重的是料理中最基本的、基础中的基础、天天都需要的部分，我简单的归纳为三个元素：高汤、米饭、鸡蛋。

如何做好一锅高汤，如何煮好一锅软硬适中的米饭，如何煮好一颗鸡蛋，这基本中的基本，都能够彻底理解，能够精准掌控了，再来求其他。

基础高汤

高汤的种类很多，不论中式或西式料理，都有各自的高汤系统，而且高汤还会因着不同的区域、不同的季节和不同的食材，而有截然不同的滋味。

冬季严寒的地区，高汤的滋味多半做得十分浓郁。长年湿热的国家，高汤常使用的是各式香草和蔬果，取其清甜。海鲜料理适合鱼贝类高汤，肉类料理则常用肉汤或骨头汤。中式料理还有一种上汤，是数倍浓缩的高汤，用来给高级食材（例如鱼翅或海参）炖煨入味，也用来给菜肴吊味提鲜。

或许现今的环境，人们都习惯使用方便速成又便宜的化学鲜味剂来代替高汤，广告上的宣传语还说，只要一匙，就是人间美味，又说用来取代盐更健康云云。但无论广告宣传得如何诱人、天花乱坠，我想要追求的仍然是食材的原味，是随着地域与季节而富含各种变化的自然之味。

我想要的是家的味道，而不是什么都和在外面餐厅吃起来一样的味道。

这里要介绍的几款基础高汤，都是用在家庭厨房很容易就能取得的材料制成的，不需要花费太多时间和工序就可以完成，却可以大大提升料理的滋味。此外，亦没有特别限制适用于何种料理，可说是万用百搭，更何况来自天然食物熬煮的高汤本身营养丰富，实在是一物多用，搭配值超高呐。

昆布高汤与昆布柴鱼高汤

昆布高汤与昆布柴鱼高汤是最容易做的一款高汤，大多数的料理都能运用，也是我家最常备的高汤，这款高汤的特点是滋味淡雅、不含油脂，适合需要清爽口感的料理。

材料

高汤用昆布　15 克
冷水　1 升
柴鱼片　25 克
★ 放凉后置入冰箱保管，可放 5 日。

做法

1. 轻拭昆布，去除表面灰尘，但不要将白色的部分也去除，那是昆布鲜味的来源；将昆布浸于冷水中 2 小时，如果赶时间，至少也要浸 30 分钟。

2. 将昆布连同浸泡的水一起置于炉火上，小火加热，等看到锅里开始出现小泡泡但仍未沸腾时，即熄火，取出昆布，此为昆布高汤。

   ★ 熬煮昆布时不要让水滚沸，水沸时的高温会引出昆布里的杂味。

3. 把步骤 2 中的昆布高汤继续加热，水里的小泡泡开始变大泡泡时，放入柴鱼片，立即熄火，待柴鱼片完全沉入锅底静止，将柴鱼片滤出，即得昆布柴鱼高汤。

昆布柴鱼香松

将取完高汤后剩余的昆布和柴鱼，放入冷冻库保存，待收集到一定的量，大约是三次之后，可利用来做昆布柴鱼香松，是配饭、配粥或包饭团都合适的一道小菜。

材料

取完高汤的昆布　约 120 克
取完高汤的柴鱼片　约 120 克
熟白芝麻　1 大匙

煮汁

糖　2 大匙
米酒　1 大匙
酱油　3/2 大匙
本味醂　2 大匙
水　150 毫升
★ 置于冰箱保存，可放 3 周。

做法

1. 将昆布切成 0.3 厘米宽的细丝。

2. 在锅中放入昆布丝、柴鱼片和煮汁，以中小火煮至汤汁沸腾，改小火，边煮边略翻炒，煮至昆布柔软，水分收干，柴鱼片变得干松，全程约需 20 分钟。

3. 放入白芝麻拌匀即可。

骨头高汤

骨头高汤应该是我们最熟悉的高汤了，同样百搭万用，使用的材料通常为猪骨或鸡骨。我家特别偏爱的则是用猪骨和鸡骨各一半所炖的高汤，不添加味道强烈的葱、姜、蒜，只使用清甜的洋葱，是一款很单纯的高汤，因此也很容易使用。

买不到鸡骨架时，也可使用鸡翅和鸡爪，或是只使用猪骨亦无妨。猪骨有许多部位都可以炖高汤，我特别偏爱一支支细长的枝骨，台湾当地俗称“宾仔骨”，这种骨头油脂少，炖出来的汤头较清爽不油腻。

材料

鸡骨架　300 克
猪枝骨　300 克
洋葱　1 个
酒　3 大匙
水　1800 毫升
★ 放凉后置入冰箱保存，可放 5 日。

做法

1. 熬汤用的骨头需要经过汆烫去血水。将骨头洗净表面碎骨和血污，放入锅中，注入足够淹过骨头的清水，以中大火开始煮，至锅中水沸腾，计时 1 分钟，熄火捞出骨头，把粘在骨头上的浮渣冲洗干净。汆烫过骨头的水倒掉不要。

2. 在干净的锅里投入烫过的骨头、洋葱、酒和水，以大火开始煮，水沸腾后，盖上锅盖，先以中小火炖煮 20 分钟，再改最小火，维持汤面微滚冒小泡泡的状态，炖煮 40 分钟，熄火不开盖整锅静置放凉，再滤出骨头和残渣，即得骨头高汤。

临时天然高汤代替品

有时候做菜实在来不及或忘记准备高汤，如果家里备有几种可提供鲜味的食材，就可以拿来用，我家常备的有：蛤蜊、鲜虾和酸白菜。

蛤蜊和鲜虾买回来，清洗吐沙后，冷冻保存，要用时无需解冻，直接料理即可，烧菜或煮汤时丢入几个蛤蜊或两三只鲜虾，立马就有提鲜的效果。

酸白菜也有提鲜开胃的作用，煮汤特别好用，将酸白菜切小块加在汤里，汤头就变鲜甜了。

煮出一锅香 Q 的米饭

煮饭，是料理基本中的基本，其实完全不难，只是有些小细节要注意，米的品种不同、新旧不同、保存方法不同、炊煮器具不同、水量不同、气温不同……种种因素都会影响到煮饭的细节。用心去观察这些细节的变化，掌握自己和家人喜欢的口感比例，就能煮出一锅好吃的米饭，大抵尝试个两三次，积累了经验，就能拥有自己的成功法则。

在讲如何煮饭之前，我认为要煮一锅好吃的饭，比起技术更加重要的，是买一包新鲜的好米。

米的鲜度至为重要，越新鲜的米风味就越好，我喜欢购买密封包装，清楚标示产地来源与制造日期的米，信息清楚的产品，让人比较放心。

此外，在购买的时候，也要留意包装上打印的制造日期和稻米期别，如果日期距离购买日超过半年，即便这包米仍在有效保存期内，通常我还是不会购买。

小家庭吃的量不多的话，尽量购买小包装的产品好尽快吃完，并且开封后置于冰箱冷藏保存，才是最佳的保鲜法。台湾气候潮湿多雨，是米的鲜度大敌，常温保存的米很容易长出米虫或是味道不佳。

我煮白米饭的方法，是在日本旅行时，跟日本料理店的店主询问学来的，不论电子锅、铸铁锅或砂锅煮饭都适用这个方法，此法也许跟一般台湾人习惯先将米泡水的方法不同，但用这个方法煮出来的饭粒粒分明，带着光泽和米香，是我们家喜欢的口感，现将这个方法分享给你。

我家的白米饭煮法

1. 第一步是精确量米，精确量米才能精准水量。使用电锅附的量米杯，一杯米的容量是 180 毫升。（图 1）

2. 将水注入开始洗米。第一次洗米动作要快速，一边注水，一边以手指轻轻在米里画圆，不要用力搅也不要搓揉，最多 5 秒，马上倒掉洗米水，使用滤网和大盆来洗会比较方便。（最初次洗米的水有杂味，快动作洗一下马上倒掉水，不要让米把杂味吸进去。）

3. 接下来，重复上述洗米动作 3 ~ 4 次，要洗到即使水仍有一点白浊，但能够清楚看见米粒的状态，才算完成。记住最后一次仍要把洗米水沥除，这个方法并不浸米。（图 2）

4. 把洗好的米置于滤网里，上面覆盖干净湿布或是保鲜膜，静置让米充分吸水。冬季时静置时间为 30 分钟，夏季为 20 分钟。（图 3）

5. 时间到，将米倒入饭锅里，加入米量 1.1 倍的水，过滤水尤佳，用手将米压平，确保所有的米都在水面之下，按下快速煮饭的开关开始煮。（图 4）

6. 煮饭时间到，不要立刻开盖，继续盖着盖子焖 5 分钟后再开盖，用饭匙轻柔地由下往上把米饭翻松，就可以开饭了。（图 5、图 6）

1

2

3

4

5

6

米饭的保存与变化

美味的米饭如果一餐吃不完，需要好好保存起来，不可浪费。如果隔天想拿来做炒饭，那么要密封后放入冰箱冷藏保存。但如果有可能会超过两天才吃，最好还是密封后放入冷冻库，冷冻是最能保持米饭鲜美的方法。

有时候我会把剩饭先简单捏成饭团，再包起来冷冻；冷冻饭团解冻后可以烤着吃，就是日式料理店里的烤饭团。只需简单在烤饭团上涂点酱油或味噌，或用海苔包着吃，就会很美味。要是临时又不想吃烤饭团了，拿去煮成粥也很方便。

鸡蛋的料理，重点是温度与时间的变化

鸡蛋是我们家几乎每天都会吃的食材，除了美味之外，鸡蛋的营养全面，容易吸收消化，是很容易运用的食材。

美味鸡蛋料理的第一步，就是购买新鲜优质的鸡蛋。我家自从尝过在农夫市集买的放养鸡舍的鸡蛋，就再也不去选购别样的了，现在采买鸡蛋，大多是购买放养或平饲鸡舍的鸡蛋。

常常有人来问我如何煎蛋或煮蛋的问题，其实只要是新鲜的鸡蛋，怎么煮都是好吃的；决定鸡蛋料理呈现何种质感的主要因素，就是温度和时间。

所以不要担心也不需害怕，试着做就可以了，你必须常练习，才能习得经验，那就从最简单基本的水煮蛋开始吧。

水煮蛋

最不容易失败的水煮蛋做法，就是把温度的变数降到最低。事先把鸡蛋从冰箱取出，在室温下回温 15 ~ 20 分钟，煮蛋的水则要先滚沸了，再轻轻以汤勺投入鸡蛋。常常鸡蛋一下锅蛋壳就破，是因剧烈的温度差和碰撞造成的。

鸡蛋入锅后，开始计时，到达你想要的熟度时间时，立刻把鸡蛋捞出来，浸入冷水。

以下是煮蛋时间的参考值：

煮 6 分钟→蛋白熟，蛋黄外圈半熟，蛋黄中心为微凝固的溏心状态。

煮 8 分钟→蛋黄外圈全熟，中心接近全熟但仍未完全熟透，仍是微湿润状态。

煮 10 分钟→全熟。

我常听到有人抱怨蛋壳很难剥得好，其实这也是温度问题，煮好的蛋必须浸在冷水里至蛋壳完全冷却，再来剥壳随便剥都会很完美。常常我们因为心急，还没有等鸡蛋完全降温就急着剥壳，那剥得坑坑巴巴就是常有的事了。

PART 2

这是，我们家的味道

餐桌的风景，就是家的风景

一盘充满爱情的料理，一道令人笑逐颜开的甜点，一碗精心慢炖的汤，一张令人完全放松、怡然安坐的餐桌，与家人分享无可取代的美好时光。

这是我深深喜爱的风景，家的风景。

接下来的篇章里，我将为大家呈上我家的家常料理，都是简单易做、不会花费太多时间，可以四季常备的菜肴。

首先，我特别重视的是，食材的预处理工作，也就是必须买回新鲜的好食材，仔细清洗、合宜切理、汆烫、去水、调味等基本操作，这全是做好菜的前提，不可马虎。但在食材的组合搭配、调味，或料理的手法上，我则倾向随兴开放的轻松态度，我不认为料理一定要如何如何，也不同意没有什么什么就不行，因此中菜可以加入偏西式的香料，西菜也可以用一点中式酱油来提味增香，煎的菜式改用烤箱来做又何妨？只要做出来的菜是好吃的，没有什么不可以。

所以，我的菜单里有尼泊尔风味番茄黄瓜莎莎这样可能比较少见的组合，也有一反传统不放一滴油的干煸四季豆，还把白菜蒸猪肉做成火锅风格，我希望做料理是一件可以完全自由和轻松的事，不需要紧张小心，更不必非要照着食谱一字不改地进行。

不论是下厨做菜还是上桌吃饭，最重要的一件事儿，那就是开心。开开心心地做，那做出来的料理才会好吃，开开心心地上桌吃饭，饭吃起来才会觉得有滋有味。

我将这个章节里的食谱，分成五大类别。首先介绍的是我家的“方便菜”——也就是只使用最基本简单的烹调方法，以最单纯的调味所制备的菜肴。方便菜做起来非常简易轻松，你可以现做现吃，更可以利用有空的时候事先做好备着，要准备开饭时只要再稍微加热，或是添加少许食材并调味来作变化，一道方便菜其实有多种变化，因此不容易吃腻，只看你手边有什么食材和你的巧思。在本书中，每一道方便菜我都会再跟着示范三款不同的变化菜色，提供给你的是构思方向和变化技巧，学会了基本的方法，你就能有自己的一套方便菜运作模式。

第二类则是“基础必备菜”。我家的基础必备菜，都是以各式海鲜和肉类，搭配蔬果、鲜菇或豆腐、海藻，而成为一盘就有肉、有菜或有汤的料理，可以当作是主菜，当然也能是副菜，总是吃不腻，常常想吃，是我们家的疗愈食物。

第三类是“开胃菜与下饭菜”。这是我家餐桌上绝对不能缺少的菜式，主要以冷食热食皆宜的常备小菜为主，而且许多菜式都是可以事先做好，置于冰箱中可保存数日甚至数月，对于在忙碌生活里仍想在自家做饭吃的人，会是很大的帮助。

第四类是“自制万能调味酱”。我介绍了几款非常容易制作但美味又万用的自家制酱料。市售的现成调味料，常常都有太多奇怪的添加物，味道也太浓重，自家制作的调味酱成分天然，口味上又可以依照自家喜好来调整，让人一做就爱上。

最后一类则是“疗愈小甜点”。市售的甜点，成分实在让人有许多疑虑，还常常分量太大或糖分过高；我所呈上的自家制小甜点，都是不需要特殊材料或烘焙道具模型，不必费力打发鸡蛋，更不需要高超技巧，只需简单的食材和步骤，就能做出来的小分量无负担甜点，请务必试试看。

在家吃饭，不必花哨，无需复杂，更不必拿来向谁炫耀，那只是每天都想吃的抚慰食物，那才是家的味道。

轻松地下厨，开心地吃饭，足矣。

在时间充裕的时候，事先准备

煮饭做菜，并不是只能在肚子饿要开饭之前进行。
在有零碎空档的时候，或在周末假日有较长空闲的时候，都可以利用时间来备料，做一些食材切理、腌渍、煮烫等准备工作，当然也可以事先做好几道菜，以干净的保鲜容器装好，置于冰箱中保存，想吃的时候随时有。

这一套事先准备的功夫，是我们家饮食生活的秘笈，在忙碌的日常生活里还要兼顾美好的餐桌风景，这套功夫不可或缺。

周末假日，上市场买完菜回家，放上自己喜欢的轻柔 bossa nova jazz 乐音，再给自己一杯冰凉的汽泡酒或热咖啡，一边哼哼唱唱，一边在工作台上把刚采买回家的各式新鲜食材一字排开，一一分类。该洗的洗该切的切，腌腌煮煮拌拌，花个一到两小时的一小段时光，一口气做好一周食材的预处理工作，也一并做好两三个简单基本的方便菜，放入保鲜盒中放凉。这道厨房风景让人成就感满满，超疗愈。

更重要的是，我清楚笃定地知道，不管接下来的一周会有多忙，我都可以确保我家的饮食已有预备，不会每天都烦恼该吃什么该煮什么。事先准备的工夫做足，日日开饭都能轻松怡然，即使被紧迫的时间追着跑，依旧能不疾不徐。

一次做好，可存放于冰箱中冷藏数日或冷冻数周，刚做好时好吃，放置一两天后滋味更加浓郁，这就是时间给予料理的美味魔法，也是我喜欢制作方便菜的原因。

只要从冰箱里拿出事先准备好的方便菜，快速地稍微加热，可以依照自己喜好再加入一点配料，或是改变一点调味料，就可以轻轻松松地开饭，不必再从头开始准备，因此不管多忙多晚，都能轻松准备一餐。

为了容易准备，也为了方便后续的变化，我的方便菜在调味上，都会尽量精简单纯，只做最基本必要的调味，也很少使用特殊风味的香料，可以品尝食物最原本的滋味，因此食材的新鲜度是制作方便菜时最重要的条件，请务必购买新鲜质佳的食材回来，并且尽快料理。

那么，一起来厨房游乐场里，玩玩料理游戏吧！

疗愈人心的总是，
家里的炊烟

方便菜

068

万用香辣肉臊

这道万用香辣肉臊，材料、调味、做法都非常简单快速，可以单独配饭拌面，也能加入其他食材同炒同烧，有各式各样的变化吃法，是我家常备方便菜中的必备品。

我们家的香辣肉臊，传承自我家婆婆，选用带少许油花的猪梅花绞肉，肉质滑嫩却不油腻，只使用非常单纯的调味，因此不论是作中式或西式的变化都没有冲突。

为了爱吃辣的老公，我特地制作中辣的版本，拿来浇饭、炒饭、烧豆腐、炒菜、做汤面的浇头，都香辣够味。我自己还特别喜欢一种吃法，就是煎个葱花蛋来夹馒头的时候，添上一匙香辣肉臊，平凡的馒头夹蛋滋味立刻奔放了起来。每次在煮肉臊时，整间屋子都香喷喷的，让人闻起来都觉得幸福。

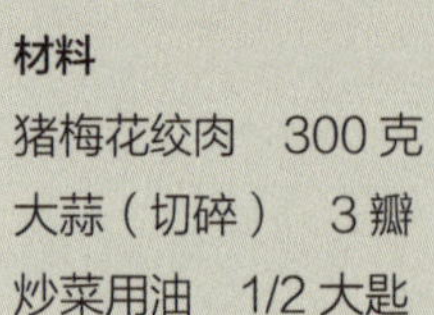

材料

猪梅花绞肉　300 克
大蒜（切碎）　3 瓣
炒菜用油　1/2 大匙

★ 一般店面贩售的猪绞肉，大多是以猪后腿肉或边角肉混合来绞制，但因我特别偏好梅花肉的口感和刚刚好的油润感，所以都请传统市场肉摊用梅花肉来帮我做绞肉。若你习惯在超市或大卖场购买肉品，可以选好一块梅花肉，再请店家帮忙绞成绞肉，如果实在不方便，使用一般绞肉也无妨。

★ 保存：冰箱冷藏 1 周，冷冻 1 个月。

调味料

辣椒酱　1 大匙
（中辣程度，请依自家喜欢的辣度增减用量）
糖　1/2 小匙
米酒　2 大匙
酱油　3 大匙
水　200 毫升
白胡椒粉　1/6 小匙

做法

1. 在锅中放入炒菜用油和绞肉，开中小火，用筷子或锅铲以画圆圈的方式拌炒绞肉，炒到成团的绞肉散开成一粒粒的肉臊，肉表面变色，流出清澈油脂并散发肉香。

   ★ 我习惯冷锅冷油时就把绞肉下锅，再加上用筷子在锅中慢慢画圆圈的方式来拌炒，可以很轻易把绞肉炒散，不会结成一大块。另外，若使用的是冷冻绞肉，最好能够充分解冻后再炒，否则容易黏结成块，不易炒散。

2. 改转小火，将肉臊往锅边拨，在锅中空位放入蒜末和辣椒酱炒香，再放入糖、酱油和米酒，拌炒均匀，加入水，以中大火煮至汤汁沸腾后转小火，维持汤面小滚冒小泡的状态即可，盖上锅盖焖煮 10 分钟。

   ★ 将肉臊往锅边拨，是为了在锅中空出一小块位置来炒香蒜末等调味料，是炒菜时常用的省力小技巧。

3. 时间到后打开锅盖，煮好的肉臊应香气四溢、带有汤汁，放入白胡椒粉拌炒均匀后熄火即成。如果有时间，可以再盖回盖子，静置至整锅冷却或静置隔夜，如此肉臊的滋味会更加浓郁。

   ★ 各家辣椒酱咸度不一，在调味前可先尝尝，再斟酌用量，以免过咸；若不小心过咸了，可加入少许水来调淡。另外有些辣椒酱含有许多油脂，在添加时，尽量只取辣椒而不要取太多油，以免肉臊太油腻。

麻婆四季豆

我常备有万用香辣肉臊，不论是要烧麻婆豆腐还是麻婆茄子，都变得非常简单快速，这就是方便菜最大的好处。

我常用香辣肉臊来炒四季豆，自家称之为麻婆四季豆。一般餐厅做麻婆或四季豆料理，常常会让人觉得太过油腻，因为他们总是用大量的油，四季豆也常常是经过油炸再炒制，怎能不油腻呢?

在家自己做，我总是希望做得清爽些，能够品尝到四季豆原有的清甜豆香，但又要色泽青绿、口感清脆，不会吃起来水水软软的，因此发明了用干锅来煸烙四季豆的方法。炒这道菜，可以不必放一滴水或油，完全吃原味，甚至无需动用菜刀砧板，只需一口锅，你会惊讶四季豆可以如此鲜甜。

材料

四季豆　1包（约200克）

万用香辣肉臊　4大匙

花椒粉　1/3小匙（如果没有，可省略）

做法

1. 四季豆清洗干净，由尖端向下撕除两侧的老筋，折断成二或三等份的长段。

   ★ 如果能购买到非常鲜嫩的四季豆，由于老筋尚未生成，所以会撕不出老筋，这种四季豆快熟又好吃，是极品。太粗太长的四季豆往往筋多、口感老，选购长度适中、鲜绿细身的会比较嫩。

2. 开中火烧热锅，将四季豆放入锅中煸烙，尽量均匀铺平，让所有的四季豆都接触到锅面；不需要不停翻动，等闻到豆子清香，看到豆子变得水亮翠绿，出现微焦烤痕时，再翻炒几下。

   ★ 以干锅煸烙四季豆时，不要放油、不要加水也不要盖锅盖，才会翠绿鲜甜，原味尽出。刚开始煸的时候锅子会冒一点白烟，不要害怕，那是四季豆的水汽在蒸散，继续煸一会儿水汽出完了，就不会再有烟了，如果实在很害怕，就把火转小些。

3. 四季豆煸好先熄火，静置1分钟，放入花椒粉和肉臊后，再开中火，拌炒均匀，就完成了。

   ★ 四季豆干煸好需先熄火静置1分钟，是因为锅很烫，温度很高，若不先熄火等一会儿，就立刻放入肉臊，很容易烧焦或产生焦味。这是一个火候上的技巧，在使用容易烧焦的酱油或糖等调味料时，要注意当锅很烫时，先把火力调小让锅降温再放入，能避免失败。

肉末烧豆皮

拿万用香辣肉臊来烧豆腐或豆皮，是我老公的最爱，配饭配粥皆宜，因为越烧越香，所以也很适合做便当，非常下饭。刚烧好，热乎乎的很好吃，可令人惊喜的是居然凉了也好吃呐！

市售的豆皮，有油炸过和未油炸过两种，可以依自家喜好选择，我通常是使用未油炸过的豆皮。如果购买的是油炸豆皮，在料理之前最好先以滚水烫过再煮，成品则不会过于油腻，也能避免不好的油味被带进菜肴。

材料

新鲜豆皮　约 300 克

面粉　2 小匙

万用香辣肉臊　1 碗（大约是 10 大匙，请连同汤汁一起使用）

葱花　1 根

做法

1. 豆皮略冲洗，平均分切成喜欢的大小，如果喜欢整片啃，不切也无妨；以厨房纸巾吸干水，两面抹上薄薄一层面粉。

2. 将万用香辣肉臊放入锅中，再放入豆皮，开中火煮至汤汁沸腾后，转最小火，维持汤面微微滚冒小泡泡的状态，盖上锅盖焖烧 10 分钟，中间翻面一次。

   ★ 注意锅中汤汁的量，汤汁太少豆皮容易粘住锅底，如果汤汁太少，再酌量添加 2~3 匙的肉臊汤汁。

3. 时间到开盖，轻轻翻拌，烧到豆皮柔嫩入味，汤汁大致收干，就可以熄火，撒上葱花盛盘。如果有时间，熄火后继续盖着闷住静置，会更加入味，葱花待要盛盘前再撒，就不会变黑黄。

泰风打抛饭

泰式风味的打抛肉是一等一的下饭高手，做起来也很容易，不过若是有了万用香辣肉臊，不用十分钟就可以组合出一盘简餐风格的打抛饭，极速上菜。

打抛饭的重点香气来自九层塔，请尽情大把加入，边缘煎得焦香的太阳蛋和最后现挤的柠檬汁则是整合味道的功臣，千万不要省略。

一人份材料

九层塔　1/2 碗（15~20 克）
鸡蛋　1 个
白饭　1 碗（或喜欢的分量）
万用香辣肉臊　4~5 大匙
鱼露　1/3 小匙
柠檬　适量

做法

1. 九层塔清洗干净，挑除粗硬的梗枝，只取叶子。将白饭盛在盘中。
2. 煎一个太阳蛋，放在饭上。同一个锅不用洗，接着放入肉臊、鱼露和九层塔，以小火翻炒几下，待闻到九层塔香气即熄火。盛出浇在白饭和太阳蛋上，挤上柠檬汁即可享用。

意式番茄肉酱

我们家非常喜欢番茄，一年四季家里永远备有番茄，不论是凉拌做沙拉，还是煮汤、炒蛋、炖肉通通都合适，而且我喜欢混用不同品种的番茄，小番茄汁多味甜，带点绿的黑柿番茄则酸香够味，混在一起用可以各取其香，会比单用一种番茄来得滋味丰富。

我的意式番茄肉酱是博客食谱中人气最高的一款，也是我家常备方便菜的必备款。不过，我现在将配方和做法都做了改进，不加水，完全是以番茄的原汁原味来取胜，做出比市售番茄肉酱更清爽的风味，多吃也不会腻口。

做好的番茄肉酱，可以拌各式意大利面、作为汉堡淋酱，或是做焗烤菜，变化多端，没有限制。我常常一次做一大锅，吃不完的部分就分装冷冻，想吃随时有！

材料

牛绞肉　300 克
（不吃牛肉的话可用猪绞肉）
两三种不同品种的番茄　4~5 个
（合计约 650 克，也可以只使用一种番茄）
洋葱　1/2 个
大蒜（切小丁）　3 瓣
月桂叶　2 片（如果没有可省略）
橄榄油　3/2 大匙
番茄糊　5 大匙

调味料

糖　1 小匙
盐　约 1/4 小匙
柠檬（挤汁用）　约 1/8 瓣

★ 番茄糊（tomato puree），有时会翻译成番茄泥，很容易在大型超市和大卖场里购得，通常是铁罐或玻璃罐装的。除非你特别喜欢，否则请不要用蘸薯条的番茄酱（ketchup）来代替，那味道拿来做番茄肉酱不太对劲儿。

★ 保存：冰箱冷藏 7 日，冷冻 1 个月 。

做法

1. 将洋葱和番茄都切成小丁，备用。

2. 在锅中放入洋葱和橄榄油，开中小火慢慢将洋葱炒至湿润柔软，由白色转为略带金黄透明，再放入大蒜炒香，然后放入牛绞肉，拌炒到绞肉变色，汁水收干并流出清澈的油脂，就可以加入番茄丁、番茄糊、糖和月桂叶，拌炒均匀，煮至汁水沸腾后，盖上盖子以小火维持小滚的状态，炖煮30分钟。

   ★ 做肉酱的基本技巧都在这一步骤里了，耐心把各种食材彻底炒出香气，再让番茄在小火炖煮的过程中完全释放汁水和味道进到肉里，自然能成就原汁原味的肉酱。

3. 时间到后打开锅盖，尝尝味道，如果有需要，再加入盐来调味，最后淋上柠檬汁，就完成了。如果有时间，可以再盖回盖子，静置一会儿或静置至整锅冷却，会更加浓郁入味。

   ★ 番茄糊带有咸味，而且各品牌的咸度差异颇大，在最后放盐调味前，记得要先尝尝，再决定要不要放盐，通常只需要少量的盐即足够。

奶酪番茄肉酱笔管面

备好了意式番茄肉酱，要做意大利面的时候就非常方便了。

虽然只要把意大利面煮熟，再淋上番茄肉酱就可以收工了，但我总是想再做得精致一些，多用点心，可以吃得更愉快喔！

材料（2人份）

笔管面　约 160 克
大蒜（大致切碎）　3 瓣
意大利平叶香芹　4 枝
（或是其他喜欢的香草）
橄榄油　1 大匙
意式番茄肉酱　1 碗（约 200 毫升）
Parmigiano-reggiano 奶酪　适量
黑胡椒　适量
Tabasco 辣酱　适量

做法

1. 先煮笔管面。煮一锅约 1.5 升的滚水，放入 1 大匙盐，再放入笔管面，依笔管面包装建议的烹煮时间设定好计时器。

2. 利用煮笔管面的时间，取意大利平叶香芹的叶子切碎，粗梗丢弃不用。在炒锅中投入大蒜和橄榄油，以小火慢慢煸出大蒜香气，注意不要让大蒜烧焦，再投入香芹。在计时器倒数剩 1 分钟时，捞出笔管面，投入炒锅内，再加入番茄肉酱和 2 大匙的煮面水，翻炒均匀，待汤汁沸腾后即可熄火起锅。盛盘后依照自己喜好，撒上 Parmigiano-reggiano 奶酪、黑胡椒和 Tabasco 辣酱享用。

★ 笔管面一煮好就必须立刻捞出放入肉酱锅这边，若继续把面留在煮面锅里，或是捞起放在一旁冷却，面的口感会变差。煮任何一种意大利面都一样，可以让酱汁先煮好来等面，但不可让面等酱汁，煮面的时间要尽量精准计算。

毛豆干咖喱

因番茄肉酱的酸香和咖喱的味道非常搭，所以有一天我拿了番茄肉酱来实验，再配一点绿色的可爱毛豆，成品好看又好吃呐！而且做起来简单快速，配饭或搭面包一起吃都很合适，我老公还喜欢拿来配馒头。有方便菜来帮忙，真的好便利。

材料

意式番茄肉酱　1 大碗（约 250 克）
冷冻熟毛豆仁　90 克
咖喱粉　2 小匙
橄榄油或喜欢的炒菜用油　1/2 大匙
高汤或水　4 大匙

★ 冷冻熟毛豆仁可以直接下锅，非常方便，如果使用的是生毛豆仁，就需要先滚水焯烫过再使用。

做法

1. 在锅中放入油和咖喱粉，开小火慢慢炒出香气，要耐心慢炒，留意火不要大以免烧焦。

2. 待闻到咖喱香气，投入番茄肉酱和毛豆仁，加入高汤或水，翻拌均匀，小火煮至酱汁沸腾即可熄火，与白饭或面包一起盛盘，趁热享用。

★ 可以搭配 p.204 的尼泊尔风味番茄黄瓜莎莎和水煮蛋为配菜。

乡村肉酱派

提到做派，通常给人的第一印象是做起来很麻烦，但是这道从英国牧羊人派发想而来的乡村肉酱派，却实在很简单。

自家做的版本，比一般餐厅卖的肉酱派清爽太多了，吃到最后一口也不生腻。可以事先做好备起来，早餐时再以烤箱加热一下就可以吃了，这也是一道典型的隔夜更好吃的菜喔。

材料（直径 15 厘米的烤皿一个）

意式番茄肉酱　250 克
蒸熟的马铃薯　约 270 克
盐　3 指捏的一小撮的量
蛋液　适量
喜欢的香草、黑胡椒各适量

做法

1. 将烤箱预热至 220℃。把意式番茄肉酱在烤皿或耐烤的容器内均匀铺平，再将轮切成约 0.2 厘米厚的马铃薯薄片一层一层平铺在肉酱上，完整覆盖住肉酱表面，在马铃薯片上涂抹少许蛋液。
   ★ 蒸熟马铃薯的做法可参考 p.125。如果临时没有蒸熟的马铃薯可用，也可直接使用生马铃薯，削皮后切成薄片铺上，但烘烤的时间要延长至约 50 分钟。

2. 将烤皿送入预热完毕的烤箱里，以 220℃烘烤 25~30 分钟，至表面出现金黄微焦，即可出炉，撒上喜欢的香草和黑胡椒，趁热享用。

香烤盐鲑

鲑鱼营养丰富，无腥味无细刺，老人家或小孩也很适合吃。

在日本旅行的时候，饭店的和朝食里总是有烤得香酥的咸鲑鱼，配上好吃的热白饭，山珍海味也比不上。

盐烤鲑鱼自己在家做其实很简单，只需备好新鲜鲑鱼、海盐和酒就可以了。可以一次多做一些，冷冻保存，不论是直接煎烤来吃、带便当、炒饭，或是后续变化都非常方便好用。

我喜欢用烤箱来烤鱼，不必像用锅煎鱼那样战战兢兢，又怕粘锅又怕油爆的。鱼要烤得香酥但不干柴，有三个小秘诀要知道，一是烤之前要先把鱼取出冰箱回温，如果是冷冻的，则要完全解冻；二是要好好吸干鱼身上的水；三是要充分预热烤箱，以高温一口气烤好。只要把握好这三件事，就能烤出美味的鱼，一起来试试吧。

材料

切片鲑鱼　2 片（合计约 900 克）

盐　9 克（盐量为鲑鱼重量的 1%，可依自己使用的鱼重量增减）

米酒　2 小匙

★ 保存：冰箱冷藏可保存 3 日，冷冻可保存 3 周。

做法

1. 鲑鱼略微冲洗一下，沥干备用。

   ★ 鲑鱼虽然大多是处理好一片一片贩售的，但鱼皮上常有残留鱼鳞，得自己用刀子轻轻刮掉，中间的骨头有时会残留血块，也要清除，这些都是腥味的来源。因此在料理前，略微冲洗是有必要的，只是别洗太久，以免流失鱼的鲜味。

2. 撒上盐，用手把盐均匀抹在鱼身两面，内侧和鱼皮也不可放过，静置三十分钟。在静置时间快到的时候，开始预热烤箱至 250℃，并在烤盘上铺好铝箔纸。如果烤箱有旋风功能，请打开。

3. 时间到，取厨房纸巾把鲑鱼两面的水都吸干，放入烤盘中，淋上米酒，送入烤箱，烘烤 25~30 分钟，至鲑鱼表面出现金黄微焦色，以筷子轻插即可穿过并流出透明油汁，就是全熟，可以出炉了。可搭配胡椒盐或萝卜泥，挤上柠檬汁享用。

   ★以高温烘烤时，要特别注意，铺底的铝箔纸最好不要有凸出高过烤盘的部分，以免引燃火焰，造成危险。烘烤的时间为参考值，请依自家烤箱火力及鱼片厚薄，观察烘烤的状况，调整时间长短。

烤好的鲑鱼如果要放入冰箱保存，应先把烤盘里的鱼油涂抹在鱼身上，再盖好盒盖或放入保鲜袋，如此可防止鱼肉变干硬。

剥皮辣椒烧鲑鱼

剥皮辣椒是我老公的大爱，家里随时都备有，不只可以当小菜吃，拿来炒菜或煮汤也很美味，我根本就是把剥皮辣椒当调味料在用。

微微的辣味拿来烧鱼也很合适，试试看吧！

材料

香烤盐鲑　1片

剥皮辣椒　5根

剥皮辣椒腌汁　约4大匙

葱花　适量

做法

将剥皮辣椒切成小段，与辣椒腌汁、鲑鱼同放入锅中，开小火烧至汤汁滚沸，鱼的两面各烧约5分钟，就完成了，盛盘后撒上葱花。

★ 烧鱼的时间请依鱼肉的厚薄斟酌加减。

鲑鱼炒蛋炊饭

我家的鲑鱼炒蛋炊饭其实就是改良简易版的鲑鱼蛋炒饭。

炒饭虽好吃，但稍嫌麻烦，也容易油腻，于是我懒得炒饭的时候，就改做炊饭；只要快速炒个蛋，在饭快煮好的倒数几分钟，把常备的香烤盐鲑放进去，等饭锅煮好饭，全体拌一拌就可以吃了，非常省事，吃来又清爽。

材料

香烤盐鲑　1/2 片

盐　2 指捏的 1 小撮的量

黑胡椒、七味粉各适量

米饭

白米　1 量米杯（180 毫升）

水　200 毫升

炒蛋

鸡蛋　2 个

盐　2 指捏的 1 小撮的量

葱　1 根

炒菜用油　2 小匙

做法

1. 先洗米煮饭，煮饭法可参考 p.57。将葱切成葱花，备用。

2. 利用饭锅煮饭的时间，把香烤盐鲑的骨头和大刺去除，鱼肉剥散成小块。鸡蛋加入盐打散成蛋液；将锅烧热，放入油和葱花，开中小火将葱先炒出香气后，再倒入蛋液，等看到蛋液的四周略有凝固而中间仍是液状时，用筷子拨散成小块，即可熄火起锅，备用。
★ 蛋要炒得柔软，就要动作快，见熟即起锅，不要炒太久。

3. 在饭锅即将煮好饭的倒数 3 分钟时，将步骤 2 中的鲑鱼和炒蛋放入饭锅中，再盖回锅盖继续煮饭，待饭锅跳起，继续焖 5 分钟。时间到开锅盖，撒上 1 小撮盐、黑胡椒和七味粉，翻拌均匀，就完成了。

香草橄榄油渍鲑松

烤好的盐鲑，添加一点西洋素材，就变成带着意大利风情的小品。

做好的香草橄榄油渍鲑松，可以搭配面包来吃，可以拌意大利面或拌沙拉，也可以加在鸡蛋里做成早餐的烘蛋，或是拿来炒蘑菇也很美味，算得上百搭万用呐！

材料

香烤盐鲑　1/2 片
Parmigiano-Reggiano 奶酪　2 大匙
（或使用现成的起士粉）
切碎的意大利平叶香芹 parsley　1/2 大匙
（或喜欢的其他香草碎）
柠檬　1/4 瓣
黑胡椒　适量
橄榄油　1 大匙

★ 保存：冰箱冷藏可保存 4 日。

做法

将香烤盐鲑的骨头和大刺去除，鱼肉剥散成小碎块，放入保存容器或大碗中，再接着放入 Parmigiano-Reggiano 奶酪、切碎的香芹，挤入柠檬汁，撒上黑胡椒，最后淋上橄榄油拌匀，就完成了。

清炖牛腱

牛腱子肉是我们家很喜欢的牛肉部位，带着一点筋，吃起来很筋道，又不像牛腩或牛肋条那么多肥油，不论是炖汤或卤制都很合适。

比起红烧，我家更喜爱清炖的风味，但是清炖牛腱一次只炖一点点是不够味儿的，不如一次炖一大锅，牛腱多放一点，汤头才够味。

于是我们家的常备清炖牛腱，都是一次炖个三四条，一锅炖完就有牛肉汤喝也有牛肉吃，还可以做各种变化！

如果能买到台湾本地的黄牛肉来做是最好的，这种牛腱子肉新鲜又软嫩，是硬邦邦的进口牛腱比不上的。

材料

牛腱子肉　3 条（合计约 1000 克）
洋葱（对半切开）　1 个
胡萝卜（切大滚刀块）　1 根
老姜或粉姜（约大拇指长度，拍裂）　1 节
清炖牛肉用香料卤包　1 个
米酒或高粱酒　3 大匙
水　1500 毫升
盐　适量

★ 清炖牛肉用的香料卤包，可以向卖牛肉的店家索取，通常买牛肉就会免费赠送，亦可在中药行购得。如果实在无法买到，也可以省略，或是改放你喜欢的香料，例如草果就很合适。

★ 保存：冰箱冷藏可保存 5 日，冷冻可保存 1 个月。

做法

1. 先进行牛肉的预处理。将牛腱子肉洗干净，放在锅里，注入足够淹过牛肉的冷水，开中大火开始汆烫，等到水大沸大滚，开始计时 3 分钟后，熄火取出牛肉，冲洗一下牛肉表面的浮沫，汆烫的水倒掉不要。
   ★ 如果希望炖出来的汤头清澈，那么肉类入水汆烫的步骤必不可少。

2. 取一个足够容纳所有材料的大锅，投入洋葱、胡萝卜、姜、牛腱肉、卤包、米酒，再注入清水，水量要足够淹过牛肉。转大火开始炖煮，煮至汤水沸腾，转为小火，维持汤面微滚冒小泡的状态，盖上锅盖，炖煮约 50 分钟。
   ★ 牛肉要彻底炖透才会软嫩可口，汤水也才会有味道。如果使用台湾本地黄牛肉，大约炖煮50分钟即可，但若使用进口牛腱，则需要70 ~ 90分钟。

3. 炖好的牛腱和汤，以盐调味后，要吃肉要喝汤都可以，也可以此为汤底，再添加喜欢的食材同煮，例如白萝卜、番茄、菇类等。如果牛肉要切片来吃，请取出牛肉静置至不烫手的程度再切，切片的牛肉，蘸点蒜泥酱油膏或辣椒酱来吃也很美味。
   ★ 一次吃不完的清炖牛腱，请把牛腱连同汤汁一起进冰箱保存。将牛肉泡在汤里，肉才不会干硬。

越式牛肉河粉

很喜欢越式的牛肉河粉，配上爽脆的豆芽菜，与香菜、薄荷、九层塔、辣椒和柠檬交织成一碗酸香开胃的美味，吃来特舒坦！不过市售的越式牛肉河粉，很难吃到没有添加牛骨粉或味精的，有时吃完口干舌燥，老半天不舒服。若家里备有清炖牛肉，我倒宁愿给自己做一碗无添加的牛肉河粉汤。

材料（2人份）

清炖牛腱　1个

清炖牛腱的汤　约1000毫升

香菜梗　3株

越南河粉　150克

绿豆芽　1饭碗

大红辣椒　1根（斜切薄片）

香菜叶、九层塔、薄荷叶、柠檬瓣各适量

调味料

糖　1/2小匙

盐　1/2小匙

鱼露　2大匙

白胡椒粉　少许

★ 香菜梗，就是香菜的白色根部，以及根部上方较粗厚的茎部。香菜梗有很清新的香气，适合熬汤头，跟牛肉汤的味道很搭。

做法

1. 牛腱肉轮切成圆薄片，越薄越好。河粉以冷水浸泡10分钟，备用。

   ★ 牛腱肉要切薄片，才容易入味，放凉再切就很好切，尽量不要在肉还热的时候切，否则肉很容易散开。

2. 汤锅里放入清炖牛腱的汤和香菜梗，煮滚后转小火，再继续煮5分钟让香菜梗出味。把香菜梗挑掉不要，放入河粉，再加入糖、盐和鱼露调味，最后放入绿豆芽滚一下即可。

3. 在大碗里先放一点白胡椒粉，接着放入河粉和绿豆芽，将牛腱肉铺上去，舀出热汤淋上，上桌食用时自由添加香菜叶、九层塔、薄荷叶、辣椒片和柠檬瓣，就可以享用了。

   ★ 牛肉汤一定要烧得烫烫的淋上，汤如果不够热就不好吃，万一动作慢汤凉掉，无妨，再开火加热一下即可。

凉拌牛肉老虎菜

老虎菜，是北方凉菜的江湖昵称，菜里头其实没有老虎，口味以麻辣与酸为主，取这名儿只是要形容其滋味如虎般威猛而已。

老虎菜基本上没有固定的材料，有肉没肉也无所谓，但一定要有些爽脆清新的配菜，像是香菜、小黄瓜、洋葱、青葱、蒜苗等，都可以入菜。简单好吃，随便拌一拌就是一大盆，可以吃得既开胃又过瘾，而且下酒又配饭！

材料

清炖牛腱　1/2 个
小黄瓜　1 根
香菜　2 株
炒熟的花生米　2 大匙（亦可使用白芝麻或喜欢的坚果）
兔女王老虎酱　2 大匙（老虎酱做法请见 p.212 ）

做法

1. 将冷的牛腱肉轮切成圆薄片。小黄瓜先斜切成薄片，再切成略粗的丝，尽量不要用刨丝器，刨丝器刨出来的丝太软，不脆。香菜不切，以手折成小段即可。

2. 取一个方便搅拌的大碗或盆，放入牛腱、小黄瓜和香菜，淋上老虎酱，翻拌均匀，盛出摆入盘中，撒上花生米即成。

   ★ 这道菜要现拌现吃，如果拌好放太久，小黄瓜会出水，整道菜的味道和口感就都不对了。如果需要预先准备，可以先把食材切好备好、酱料调好，放在冰箱里，要开饭前一拌即成。

马铃薯辣牛肉汤

韩国食堂里的辣牛肉汤，又香又辣又烫，冷天里吃一碗，浑身通体舒畅。

家里备有清炖牛腱的话，只要再加一点材料，就可以轻松做出韩国风味的辣牛肉汤，热乎乎的牛肉汤配上同样热乎乎的白饭，就着凉凉的韩国泡菜，没有比这样的组合更搭配的了。

材料

清炖牛腱　1个
清炖牛腱的汤　约1000毫升
清炖牛腱里的胡萝卜　适量
中小型的马铃薯　2个
大蒜（拍裂）　5瓣
青辣椒（斜切成段）　1根
大红辣椒（斜切成段）　1根
葱白（切段）　2根
葱绿（切葱花）　2根
辣椒粉　1大匙
白芝麻油　1/2大匙

调味料

糖　1/2小匙
酱油　1大匙
盐　1/2小匙
米酒　1大匙
鱼露　2小匙
黑胡椒　适量

做法

1. 清炖牛腱轮切成圆薄片。马铃薯去皮后切大的滚刀块。

2. 在锅中放入葱白段、大蒜、辣椒和白芝麻油，以小火慢慢爆香。待香气出来后，放入马铃薯、胡萝卜、辣椒粉和清炖牛腱的汤，中大火煮沸后转小火，炖煮至马铃薯熟软后，放入牛腱和调味料，轻轻翻拌均匀，撒上葱花即成。

★ 牛腱肉入锅后，请不要太大力翻拌，因为牛肉已经炖得很软了又切成了薄片，再加上马铃薯也炖软了，太大力搅拌的话，食材易碎裂。

★ 此汤中所用辣椒及辣椒粉的分量大约是微辣接近中辣的程度，请依自家喜欢的辣度增减用量。

昆布酒蒸鸡腿

去骨的鸡腿排是非常好应用的食材，用来煎煮烤炸炖都会很美味。

我特别喜欢一次买个两三片，只以少许水和酒来焖蒸，也不需久煮，很快就能做好这道昆布酒蒸鸡腿，同时还可顺便获得正宗原盅鸡汤，除了有肉可食，还有美味的鸡汤可以拿来炒菜或做成鸡饭，一举多得。

昆布酒蒸鸡腿可以切小粒来炒饭，拿来凉拌小黄瓜或拌沙拉也合适，白切来吃或夹三明治亦好，更是带便当的佳品，只要有备，随时可用，重点是只要把食材都放进锅就能做出来，省事又满意。

材料

去骨土鸡腿　3 片
（合计约 1200 克）
昆布　1 片（约 10 克）
葱（切长段）　3 根
姜片　10 片
酱油　1 大匙
米酒　100 毫升
水　100 毫升

★ 保存：冰箱冷藏 4 日，冷冻 1 个月。

做法

1. 鸡腿肉清洗干净，切除多余肥油，在鸡皮上和鸡肉特别厚实的部位，用叉子或厨房剪刀尖端刺几下，可帮助入味，还能防止皮肉加热后过度收缩；把酱油均匀抹在鸡腿的两面，静置 15 分钟。

2. 取一个足够容纳鸡腿的锅，先在锅内排入一半分量的葱段和姜片，接着平铺放上鸡腿，可以稍微挤到但不要重叠，再将昆布和剩下的葱段、姜片放上去，淋上米酒和水，以中大火煮至沸腾，盖上锅盖，转成小火蒸煮 20 分钟，熄火后不开盖再闷 5 分钟。
   ★　蒸煮的时间会依鸡肉的大小、厚薄，以及锅具和火力的不同而略有差异，基本需要的时间是 20~30 分钟。

3. 时间到后打开锅盖，以竹扦或细筷子刺入鸡腿，如果可以轻易刺入，竹扦拔起后鸡肉流出透明鸡汁而非红色血水，就说明已蒸熟了，可以取出鸡肉，切成方便吃的大小享用。

   ★　蒸鸡切盘可以直接吃原味，也可以蘸胡椒盐或辣油食用，与 p.212 的兔女王老虎酱或 p.214 的万能和风柠桔酱同食也很合适，搭配葱花、香菜或嫩姜丝一起吃更清新。
   ★　一餐吃不完的话，剩下的鸡腿肉请连同汤汁一起放凉后，入冰箱保存。

山东风味凉拌鸡

山东烧鸡是一道大家耳熟能详的山东菜代表，我公公是山东人，这是他很喜欢的一道菜。

不过正宗的山东烧鸡得先炸过再蒸至肉烂骨酥，非常费时费工。我的这道山东风味凉拌鸡，是从山东烧鸡变化而来的简便版，利用常备的昆布酒蒸鸡腿，只要调好酱汁拌一拌即成。这道菜的重点在于酱汁里放了大量的蒜泥，还有酸味也要下足，必须让蒜辣味和酸味、咸味取得平衡，才会产生迷人的滋味。

材料

昆布酒蒸鸡腿　1 片

小黄瓜　2 根

香菜　2 株

凉拌酱汁

大蒜　15 瓣

盐　1/4 小匙（捣蒜泥用）

昆布酒蒸鸡腿的汤汁　2 大匙

米醋　2 大匙

糖　1/2 小匙

酱油　1/2 小匙

辣油或花椒油　适量

做法

1. 先捣蒜泥。大蒜以刀背拍扁拍裂，剥去皮，放入研磨钵或捣钵里，撒上 1/4 小匙的盐，仔细捣成口感细腻的蒜泥。小黄瓜以刀背拍裂，再手折或刀切成方便吃的长度。香菜用手折成小段。鸡腿以手撕或刀切成方便吃的大小，手撕较费力但口感较好。

   ★ 如果家里没有研磨钵或捣钵，可以发挥你的想象，利用任何你想得到的工具来处理，例如把大蒜先切碎，再装进厚实的大碗里，用擀面棍来捣。如果使用大蒜压泥器，要理解它压出来的只是大蒜碎，还未到蒜泥的程度，凉拌菜需要的蒜泥，最好是细腻如豆沙般，那味道才足。

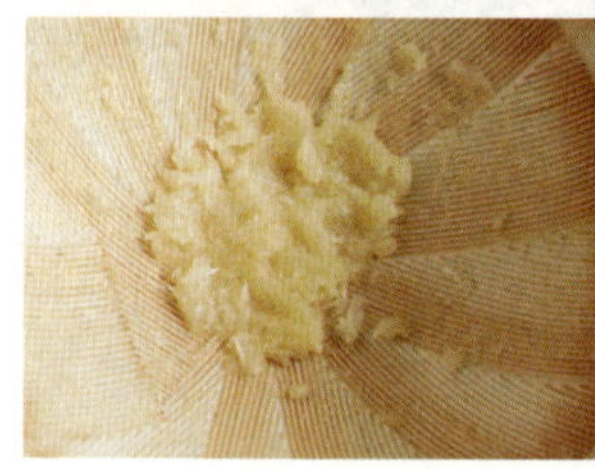

2. 取一个方便翻拌的大盆或大碗，在盆中放入辣油以外的凉拌酱汁材料，搅拌均匀，确认糖都化开了，再把鸡腿、小黄瓜和香菜放入，翻拌均匀，最后淋上辣油，就完成了。

椒麻脆皮鸡与蔬菜沙拉

大概没有人不喜爱酸酸甜甜的椒麻鸡吧！

外面餐厅的椒麻鸡大都是炸制而成的，但我不太喜欢在家里开油锅做油炸；我喜欢利用备好的昆布酒蒸鸡腿，以煎的方式做出表皮金黄焦脆的鸡腿排，搭配爽口的生菜和椒麻酱汁，吃来清爽开胃，一道菜里有肉也有菜，简单丰盛，也省去油炸的麻烦和油腻。

材料

昆布酒蒸鸡腿　1 片

面粉或地瓜粉　1/2 小匙

萝蔓生菜或喜欢的生菜　适量

小番茄　10 个

炒菜用油　1/2 大匙

椒麻酱汁

大红辣椒（切细碎）　1 根

洋葱碎末　1 大匙

糖　4 小匙

柠檬汁　3 大匙

鱼露　1 大匙

做法

1. 将椒麻酱汁材料调匀，备用。取来餐盘，将生菜用手撕成方便吃的大小。小番茄对半切开，铺在盘中。鸡腿用厨房纸巾吸干表面汤汁，两面薄薄拍一层面粉。

 ★ 鸡腿下锅煎前要吸干表面汤汁或水，才不会油爆。

2. 将锅烧热，转中小火，放入油，鸡腿皮的那一面先下锅，煎至表皮金黄焦脆，翻面再煎肉的那一面，肉这面也金黄焦脆时，就可以熄火，把鸡排盛出，切成方便吃的大小，放在步骤 1 中的生菜盘上，淋上椒麻酱汁，就完成了。

 ★ 煎鸡腿排的时候，要耐心地煎好一面再翻面去煎另一面，而不是一直不停反复翻面，不停翻面会影响加热效率，也会让自己很疲累。

鸡饭与白切鸡佐双味蘸酱

做昆布酒蒸鸡腿顺便收获的美味原汁鸡汤，是料理圣品。

我喜欢拿这鸡汤来煮鸡饭，带着隐隐约约的蒜香，煮鸡饭的同时还可顺便焖鸡腿，于是饭做好时还有白切鸡肉可食，搭配两款简单够味的蘸酱，颇有几分新加坡海南鸡饭的味道。忙碌的时候，我常做这道营养丰富又快速的简餐，再炒或烫个青菜或煮个简单的汤品，就可以开饭了！

材料

昆布酒蒸鸡腿　1 片
昆布酒蒸鸡腿的鸡汤　1 量米杯（180 毫升）
白米　1 量米杯
一小节嫩姜磨成泥　1/2 小匙
大蒜（拍裂）　2 瓣
酱油　1/2 大匙

蒜香九层塔蘸酱

九层塔（切碎）　约 1/2 大匙（只取叶子，硬梗粗枝不要）
红辣椒（切碎）　1/2 根
大蒜（切碎）　3 瓣
糖　2 指捏的 1 小撮
酱油　1 大匙

海南风辣椒蘸酱

红辣椒（切很碎或捣碎）　1 根
大蒜（磨或捣成蒜泥）　5 瓣
嫩姜（磨或捣成姜泥）　1 小匙
糖　2 小匙
盐　1/2 小匙
柠檬汁　3/2 大匙

做法

1. 先来煮鸡饭。洗好白米放入锅中，加入拍裂的大蒜、姜泥、酱油和鸡汤，搅拌均匀，送入电饭锅按下开关。

   ★ 煮饭的详细步骤可参考 p.57。

2. 利用煮鸡饭的时间，把两款蘸酱的材料准备好，各自搅拌均匀，备用。

   ★ 可以两款蘸酱都做，也可以只做一款，请依自己的时间和喜好自由运用，蘸酱除了蘸鸡肉吃，放一点在鸡饭上吃也很美味。

3. 在电饭锅开始倒数计时 5 分钟的时候，打开锅盖，把鸡腿肉放进去，盖上锅盖，继续煮至时间到，饭锅电源跳起，不开盖焖 5 分钟后，取出鸡腿肉切片摆盘，用饭匙把鸡饭轻轻翻松，就可以盛盘再搭配蘸酱享用。

清烫绿蔬：西蓝花、甜豆荚、芦笋

绿色蔬菜除了富含身体所需的营养素和纤维，鲜绿的颜色更是美丽，一盘青绿脆口的青蔬摆上桌，餐桌瞬间变得美丽，让人胃口大开。

不过这些青蔬处理起来颇花时间和功夫，因为要冲洗，要浸泡，要削皮，还要剥丝，所以我常常买回来就干脆全体一次清洗，简单以盐水快速焯烫过，如此完成预处理的青蔬，可以立即享用，也可以很方便的与其他食材搭配变化成不同的菜肴。在忙碌的早晨或急着开饭的夜晚，备有这样一盒清烫绿蔬可运用，实在是忙碌主妇的大帮手。

在做这道清烫绿蔬时，要特别注意焯烫的时间，鲜嫩的绿蔬极快就能烫熟，千万不要烫过头，否则绿蔬的颜色不绿反黄，也会失去清脆口感，卖相不佳且营养徒然流失，甚是可惜。

材料

西蓝花　1 棵

（中型或小型，体型过大的西蓝花往往口感较老硬）

甜豆荚　1 包（约 150 克）

芦笋　1 束（约 250 克）

水　约 1500 毫升（可淹过蔬菜的量）

盐　1 大匙

★　除了这里的这三种绿蔬，只要是口感清脆的蔬菜都适合如此处理，例如：四季豆、青花笋、秋葵等。准备的青蔬不论是只有一款还是四五款都没有关系。

★　保存：冰箱冷藏 3 ~ 4 日。

做法

1. 西蓝花清洗干净，将花蕾分切成方便吃的小朵，若有较粗厚的外皮，可用削皮刀削除。甜豆荚清洗干净，折断蒂头顺势撕下两侧粗筋（如果买到非常鲜嫩的甜豆荚有可能还没有长出粗筋）。芦笋清洗干净后，切除底部纤维老硬处，再削去芦笋下方较老硬的表皮（若购买的是细小型的泰国芦笋，可以不用削皮）。

2. 准备一盆冰块水在旁，备用。锅中装入水，以中大火煮沸后，放入盐，按下计时器倒数 2 分钟。首先放入西蓝花，煮到剩 30 秒时，放入甜豆荚，剩 20 秒时放入芦笋，时间一到立即全部捞起，放入冰块水中降温定色。待青蔬凉透，沥干水，就完成了。

   ★　烫好的青蔬可以立即上桌品尝原味，也可以搭配喜欢的酱汁和调味料，淋上特级初榨橄榄油和盐，或蘸美乃滋都很美味，或是再搭配其他食材一起料理。也可以置于保鲜盒中，盖好盖子，放入冰箱保存，随时可用。

鱼风味绿蔬炒蟹肉

一年之中，秋蟹最是肥美可口，但是盛产期短，若是在其他季节想吃蟹肉，或者懒得买活蟹回来处理，又或者懒到极致连剥螃蟹都懒的时候，我就会买冷冻的蟹脚肉。这种冷冻蟹脚肉在大型超市，或规模大一点的海鲜店铺很容易就能买到，是已经去壳处理好的，买回来只要解冻后简单清洗一下就可以料理了，而且价格实惠，买一盒来，就可以炒一大盘。

这道料理的调味重点是鳀鱼，鳀鱼的咸香和蟹肉超合拍，也能引出绿蔬的鲜甜，快炒几下就能端上桌，下饭下酒都好，连汤汁都很好吃，我都用面包蘸着吃，特别过瘾。

材料

清烫绿蔬　约 1 饭碗

冷冻蟹脚肉　1 盒（约 200 克）

罐头鳀鱼　2~3 尾（约 20 克）

大蒜（切片）　4 瓣

大的红辣椒（轮切）　1 根

调味料

橄榄油　2 大匙（或喜欢的炒菜用油）

不甜的白酒　2 大匙

盐　约 1/2 小匙

黑胡椒　适量

柠檬汁　1/4 瓣

做法

1. 冷冻蟹脚肉解冻后，置于大碗中轻轻淘洗干净，小心不要弄碎细嫩的蟹脚肉，沥掉，再置于厨房纸巾上吸干。

   ★ 海鲜类下锅前请尽量吸干表面的水，才不易油爆，也才能烧出香气。

2. 锅中放入蒜片、辣椒、鳀鱼和橄榄油，以小火慢慢炒出香气，并用铲子把鳀鱼压碎，待闻到香气都炒出来后，放入步骤 1 中的蟹脚肉，转中火轻轻翻炒，待看到蟹肉熟成变色时，投入绿蔬，沿着锅边将白酒绕圈淋上，翻炒几下使酒精挥发，再放入盐和黑胡椒调味，拌炒均匀，即可熄火盛盘。享用时挤上柠檬汁。

   ★ 鳀鱼本身有咸味，且不同品牌的咸度差别较大，放盐调味前，记得先尝尝，适量斟酌盐的分量，以免过咸。

清烫绿蔬佐鸡蛋沙拉

这道沙拉是我家早餐时光里常登场的菜，已预先处理好的清烫绿蔬，只要再简单拌个鸡蛋沙拉就可以享用，从一日的第一餐就开始摄取蔬菜，感觉一天都很健康呐！

这是一道冷食热食皆宜的沙拉，我通常夏天吃冷的，冬天的话会再把烫好的绿蔬放入平底锅以橄榄油快速炒热一下，配着烤得热热酥酥的面包，可以吃得很饱足。

享用时挤上柠檬汁，可为这份沙拉带来奇妙的滋味，请一定要试试看！

材料

清烫绿蔬　喜欢的分量

柠檬　2 小瓣

黑胡椒　适量

鸡蛋沙拉材料

水煮蛋　2 个

洋葱碎　1 大匙

日式美乃滋　3 大匙

糖　2 指捏的 1 小撮

做法

1. 将水煮蛋剥壳后置于调理盆中，以叉子压碎成略粗的块，放入洋葱碎、糖和美乃滋，混合拌匀，即制成鸡蛋沙拉。

   ★ 水煮蛋做法请参考 p.59。

2. 把清烫绿蔬摆在盘中，挤上柠檬汁，再摆上鸡蛋沙拉，撒上黑胡椒，即可享用。

这道超快速简单但超好吃的柠香鲔鱼绿蔬蝴蝶面，是某日我一个人在家时，突然肚子饿得不得了，偏偏冰箱空空只剩一把芦笋，又懒得出门去觅食的时候，无意中做出来的。这道意大利面最重要的美味来源就是柠檬和鲔鱼罐头，因此选择优质的鲔鱼罐头很重要，记得要选购成分单纯，只有鲔鱼、水或油、盐制作的罐头，不该有人工调味剂、味精或保存剂的添加。来吧来吧，如果你也肚子饿了，10 分钟就能做好这道面，不如立马来试试？

材料（两人份）

清烫绿蔬　约 1 碗
鲔鱼罐头　1 罐（约 160 克）
意大利蝴蝶面　180 克（也可使用其他你喜欢的意大利面）
柠檬　1 个
盐　约 4 小匙
黑胡椒　适量
意大利平叶香芹（切碎）　3 枝
（亦可使用其他喜欢的香草代替，或省略不用亦无妨）
Parmigiano-Reggiano 奶酪　适量
（硬式帕玛森奶酪，也可以使用罐装奶酪粉）

做法

1. 煮面锅中加入 1.8 升水，开大火煮沸后，放入 4 小匙的盐和蝴蝶面，按照包装上指示的煮面时间，按下计时器，将面煮熟至弹牙程度。
   ★ 煮意大利面的水和盐比例约为面 100 克：水 1 升：盐 10 克。

2. 利用煮面的时间来制作酱汁；在锅中挤入一整颗柠檬的汁，舀 2 大匙煮面水加入，撒上盐和黑胡椒；煮面时间剩 30 秒时把面捞出，放入酱汁锅中，开中火加热，把整罐的鲔鱼连同罐内汤汁，和清烫绿蔬全部倒进面里，撒上香芹碎，翻炒均匀即成。盛盘享用时再现磨上帕玛森奶酪。

柠香鲔鱼绿蔬蝴蝶面

意大利面和鲔鱼罐头都是我家四季常备的食材，保存期长很耐放，想吃的时候又马上能吃。

御膳坊

一锅蒸：马铃薯、胡萝卜与地瓜

松松软软的马铃薯、胡萝卜和地瓜，大概没有人会不喜爱吧。只是根茎类蔬菜质地厚实而硬，要煮软总是颇花时间；与其花了时间和燃气一次只煮个两三颗马铃薯或烤一条地瓜，我比较喜欢的是一次蒸好一锅各式根茎类，只要放凉了送进冰箱保管，随时都可以利用。

因为已经都蒸熟蒸软了，所以不论是要再煎、烤、煮汤或炒来吃，都非常快速，尤其是要做浓汤的时候，简直极速又省事；或者是忙碌的早晨，切几个蒸好的马铃薯、胡萝卜，要做马铃薯沙拉或是用奶油香煎来吃也很快速。以清蒸的方式来料理，可以完全保留根茎蔬菜们的营养和香气，重点是非常简单零技术，请一起来试试看！

材料

小型的圆形马铃薯　7～8个
（合计约500克）
中型的胡萝卜　2根
（合计约400克）
中型的地瓜　1～2条
（合计约400克）

★ 制作的分量没有限定，请依自家人口数量和习惯来决定。可以同时使用多种根茎类，当然也可以只用一种。除了马铃薯、胡萝卜和地瓜，其他任何自己喜欢的根茎蔬果也都适用这个做法，例如：莲藕、山药、白萝卜、南瓜、玉米等。

★ 保存：冰箱冷藏1周，冷冻1个月。

做法

将马铃薯、胡萝卜和地瓜清洗干净，不需要削皮，摆入蒸笼或蒸锅中，盖好盖子，以中大火蒸约30分钟，拿一根竹扦或较细的筷子插进肉厚的部位，如果轻插可穿就说明已熟透，可以熄火。

★ 请注意蒸锅里需放量稍多的水，才能产生足够蒸汽把食材蒸熟，另外，水若太少，还会出现食材未熟透但锅已烧干的情况。

★ 食用方法参考：

a. 蘸海盐和黑胡椒来吃，品尝原味，连皮吃或剥去皮吃皆可。
b. 搭配喜欢的蘸酱来吃，例如：美乃滋、辣油、酱油、奶油、法式芥末酱、鲔鱼罐头等。刚蒸好热热的马铃薯搭配有盐奶油非常美味！
c. 当作煎肉排或烤鱼的边菜。

咖哩香葱煎马铃薯

有时候特别想吃咖哩，可是又没时间慢慢炒慢慢炖，那咖哩粉就是很好用的香料，只要在想吃的食材里加入咖哩粉来调味，就有吃到咖哩饭的错觉哟！

从一锅蒸好的马铃薯中取几颗来，在油锅里煎得表皮香酥，再撒上葱花和咖哩粉，就完成了这道外香内松微微辣的美味。

也可以使用其他香料，例如小茴香或辣椒粉，用同样的方法，做出不同口味的煎马铃薯。

材料

蒸好的马铃薯　5～6个

葱（切碎）　约1根

鹅油　2小匙

（或任何你喜欢的耐高温用油）

盐　约1/2小匙

咖哩粉　1/2小匙

黑胡椒　适量

做法

1. 将锅烧热后，转成中小火，放入油，转转锅让油布满锅面，把马铃薯一个个放入，慢煎至两面表皮焦脆，出现金黄焦色，以锅铲平底部分压一下马铃薯，让马铃薯由圆球状变成圆饼状，不要压碎，压扁出现裂口方便入味即可。

   ★ 我使用的是皮薄体型小的圆形马铃薯，如果你购买的是皮较厚、长椭圆形的大颗马铃薯，因为质地较结实，可能不容易压扁。没有关系，这种马铃薯可以切成小块来煎，只要每一面都煎得香酥，没有压扁也无妨。还有马铃薯入油锅之前，如果表面有水要先擦干，以免造成油爆。

2. 撒上盐、咖哩粉、黑胡椒和葱花，将马铃薯翻面好均匀粘附调味料，等闻到葱香和咖哩香味，就完成了，趁热吃最好吃。

胡萝卜地瓜马铃薯沙拉

备有一锅蒸马铃薯、胡萝卜与地瓜，想做沙拉简直太简单了。取出已备好的食材，只要和酱汁拌匀，就立刻可以开动，这就是方便菜的好处啊。

这道沙拉的酱汁，使用的是较为清爽的日式美乃滋，再加上酸奶的酸香，整体吃起来比一般的沙拉爽口，是我很喜欢的一道菜。

材料

蒸熟的马铃薯　2～3 个
蒸熟的地瓜　1 个
蒸熟的胡萝卜　1 根

沙拉酱汁

日式美乃滋　3 大匙
原味无糖酸奶　3 大匙
糖　1/2 小匙
意大利平叶香芹（切碎）　3/2 大匙
（或是使用自己喜欢的香草）

做法

取一个方便翻拌的大盆或大碗，先把沙拉酱汁的材料在大碗里拌好，接着投入切成适口大小的马铃薯、地瓜与胡萝卜，轻柔地把全部材料翻拌均匀即成。

★ 这道沙拉冷食热食皆宜，各有风味。马铃薯、地瓜与胡萝卜如果刚蒸好还热的时候拌，就成为一道温沙拉，如果放凉后才拌，就是冷沙拉。

地瓜胡萝卜浓汤

有些人可能觉得做浓汤要把食材打成泥很麻烦。

如果使用果汁机来打，打完之后还要清理果汁机的确是有点累人；如果是使用手持式电动搅拌棒虽然比较方便，但又不是人人家里都有这种工具。不过，如果先把浓汤的食材蒸熟蒸软，就算没有果汁机或搅拌棒，只用一只叉子也能把食材都压成泥，再加入高汤和牛奶煮一会儿，浓汤就做好了。这里我要介绍给你的，就是没有果汁机和搅拌棒也能做出来的浓汤。

材料

蒸熟的胡萝卜　1根（约150克）

蒸熟的地瓜　1个（约150克）

高汤（肉汤或骨头汤皆可）　200毫升

全脂牛奶　约300毫升

盐　约1/4小匙

做法

1. 趁热，将蒸熟的胡萝卜和地瓜以压泥器或叉子压成泥。尽量压碎，压得越粉碎，浓汤的口感越细致。

   ★ 因蒸好的胡萝卜和地瓜放冷后，比较不容易压成泥，所以如果是使用放凉的胡萝卜和地瓜，可以加热一下再来压泥。

2. 将步骤1中的地瓜胡萝卜泥放入汤锅中，加入高汤和一半分量的牛奶，先把地瓜胡萝卜泥拌开搅散，再一边搅拌一边慢慢加入剩下的牛奶，直到达到自己喜欢的浓稠度，开中小火边煮边不时搅拌，煮至浓汤微滚冒小泡泡，尝尝味道再放盐调味即成。

   ★ 先只加入一半的牛奶，再依自己喜欢的浓稠度慢慢添加，这是避免不小心把浓汤做得太稀的小妙招。

盐渍甘蓝

台湾秋冬到隔年春季的甘蓝都很美味，但购买和处理甘蓝曾让我有小小困扰。

首先，小家庭很难一餐吃完一整颗甘蓝，但是切开的甘蓝，总是有切口很快会出现发黄发黑的问题。再者就是处理甘蓝有点麻烦，每次都得先一片片剥开清洗，切的时候又很容易喷溅到别处去，体积又比较大，要收进冰箱或要进锅炒都颇费力。总之，甘蓝就是个麻烦的家伙。

后来，我想出了用盐渍来处理的方法。整颗甘蓝买回来，全部洗好、切好，用盐腌渍出水，体积立马减少了一半，用保鲜盒来收纳就好。一次做好预处理，省去每餐都要洗切的麻烦，也没有切开后会发黑的问题，更重要的是，只有简单的盐渍，后续不论是要做沙拉、要煮汤，还是要快炒都很方便去变化利用。盐渍过的甘蓝不但清脆，不放水去炒也没问题，不会炒出一盘汤汤水水的菜。这个方法，我实在很满意呢！

材料

甘蓝　1 棵

（去硬芯后的净重约 1200 克）

盐　5/2 小匙

（盐的用量为甘蓝净重的 1%，这里是约 12 克）

白芝麻油　少许

（或使用自己喜欢的油）

★ 保存：冰箱冷藏 5 日。

做法

1. 整棵甘蓝对半剖开，中间的硬芯切除不要；最外层的叶子如果有损伤或比较老硬，也剥除不要；将叶子一片片剥开，冲洗干净后沥干，切成约 1.5 厘米宽的小段状。

   ★ 甘蓝如果是比较大棵的，通常菜梗的部分会比较粗硬，在切的时候，可以把梗切得细小些，口感会比较好。

2. 拿一个能容纳得下甘蓝的大盆或大锅，放入切好的甘蓝和盐，用双手翻拌均匀，可以粗鲁大力，稍微揉捏挤压一下甘蓝，帮助盐把水分析出，静置 30 分钟。

3. 时间到，再次翻拌一下甘蓝，然后用厚的厨房纸巾或纱布巾，把甘蓝出的水挤出来，大致挤干就可以了，不必非要挤到一滴水都不剩。把盐渍甘蓝放入保鲜盒，淋上少许白芝麻油就完成了。

香脆培根甘蓝沙拉

这是一道简单快速又好吃的沙拉，实在太简单了！

我特别喜欢厚切的培根，表面煎得焦香但还能保有些肉汁，如果买得到厚切或整块的培根，请务必使用。

材料

盐渍甘蓝　1饭碗（约200克）
厚切培根　1片
（约50克，若用薄切培根，则需要2～3片）
黑胡椒　适量
柠檬（挤汁用）　1～2瓣

做法

1. 将盐渍甘蓝盛入餐盘中，备用。培根切成0.3～0.5厘米宽的短条状。

2. 干锅中投入培根，开中小火慢煎，煎至油脂被逼出，培根表面微焦香脆，即可熄火，将培根夹出撒在步骤1中的甘蓝上，再淋上约1大匙锅中的培根油，撒上黑胡椒，食用前现挤柠檬汁淋上，拌一拌即可享用。
★ 培根有咸味，再加上柠檬汁调和，这道菜我通常是不再放盐的，请尝尝味道，若有需要再酌量添盐。

鸟巢蛋

最早做鸟巢蛋时我常用的是芦笋或菜花，但是用甘蓝来做也很合适。

这是我的快速早餐菜色，只要一口锅就能同时完成炒蔬菜和煎蛋。我们的早餐常常都缺乏蔬菜的摄取，但如果像这样备有事先准备好的蔬菜，即使是很赶时间的早晨，一样可以很快速做好早餐，再配上烤得香酥的面包，蘸着美味的蛋黄来吃，真美妙。

材料

盐渍甘蓝　1 饭碗（约 220 克）
鸡蛋　2 个
奶油或橄榄油　约 1 大匙
盐　少许（大约是 3 指捏的 1 小撮）
黑胡椒　适量
酱油　适量

做法

1. 将鸡蛋打入碗中，备用。
2. 将平底锅烧热，转小火，放入奶油化开，先下甘蓝略拌炒，撒少许盐调味。将甘蓝往锅四周拨开，使锅中间空出一块圆形空地，倒入鸡蛋，盖上锅盖焖煎，达到自己喜欢的鸡蛋熟度时熄火，撒上黑胡椒和酱油即可享用。
   ★ 也可以搭配自己喜欢的调味料，例如番茄酱、芥末酱或甜辣酱。

宫保甘蓝

我非常敬重我的川菜老师，他对食材处理得细致用心，对成品味道和卖相的要求，多年过去我仍铭记于心，专业厨人的严谨姿态，很是让我景仰。

我依循着老师的言语，一直谨记，炒青菜不可炒得盘底一滩水汪汪，即使做宫保，宫保青菜也绝不可做得像宫保鸡丁那样黑乌乌，青菜就该炒得清清白白，油润鲜脆。

材料

盐渍甘蓝　约 350 克

大蒜（拍裂）　5 瓣

干辣椒　1 把（约 10 克，掉出来的辣椒籽不用）

大红袍花椒　1 小匙

糖　1/4 小匙

盐　约 1/2 小匙

炒菜用油　1 大匙

做法

1. 干锅中投入花椒，以最小火煸炒，直到闻到花椒香气时，放入炒菜用油，小火煸炸，看到花椒由原本的红色开始渐渐转变成接近咖啡色时，立即熄火，把花椒粒捞出来。

   ★ 煸花椒油要留意观察花椒的状态，别煸到黑或焦了，否则会有苦味。亦可直接使用市售现成花椒油，在最后菜炒好时淋上即可。

2. 将大蒜和干辣椒放入步骤 1 中的油锅中，转小火爆香，待闻到香气，投入甘蓝，改中大火翻炒，放入糖和盐调味即可。

水煮五花肉

肥滋滋的五花肉好邪恶但好好吃喔，想吃的时候，我常常就干脆一次多做几条，以一餐要吃的分量为基准分切好，几日内要吃的，放冰箱冷藏备用，剩下的部分则冷冻保存，要煮之前拿出来解冻就可以用了，省得每次都要花时间做预处理。

水煮五花肉看似很简单，但要把五花肉做得香而不腻，透软不带硬，则需要在预处理和烹煮火候上略下点功夫，因此的确是需要多付出一点时间。但这也是我总会提前准备，并且一次多做一点的原因，把麻烦的工事一次全做好，后面便轻松了。

备好的水煮五花肉是个变化多端的千面女郎，要白切蘸酱来吃，要红烧，要爆炒都悉听尊便。更棒的是，因在水煮的过程中，已把许多肥油都给煮出来了，因此这款五花肉吃来更加不腻口，连我老公这种不太敢吃肥肉的人都爱吃呢！

材料

带皮猪五花肉　2 条（每条约 500 克）

盐　2 小匙（盐的分量为猪肉总重的 1%）

整粒的黑胡椒　2 小匙（如果没有可省略）

水煮五花肉的煮汁

以刀背拍过的葱段　2 根

姜片　10 片

高粱酒或米酒　3 大匙

水　1300 毫升

蒜泥酱油

蒜泥　1 大匙

葱花　1/2 大匙

糖　2 指捏的 1 小撮

酱油膏　1 大匙

冷开水　1/2 大匙

★ 保存：冰箱冷藏 5 日，冷冻 1 个月。

做法

1. 用刀将五花肉表皮的灰黑角质污垢刮除，再清洗干净。将五花肉浸在冷水里 15 分钟以去除血水，时间到把水倒掉，以纸巾吸干肉表面的水，把盐和黑胡椒粒均匀抹在五花肉的每一面，以保鲜盒或保鲜袋密封，置于冰箱腌渍至少 4 小时，若能腌渍隔夜更佳。

   ★ 将五花肉浸在冷水里可去除血水，但至多 15 分钟，不可长时间久浸，否则有损肉香。

2. 取出腌好的肉，连同腌肉的黑胡椒粒一起放入锅中，放入葱、姜、高粱酒和水，开中大火煮，水大滚大沸的时候，改转小火，只要维持汤面小滚冒小泡泡的状态即可，倒扣一个略有重量的瓷盘子在肉上，再盖上锅盖，计时炖煮 30 分钟，熄火后不开盖继续闷 20 分钟，就完成了。将五花肉取出，马上要吃的话就直接切片摆盘（如果肉还很烫，就再静置一会儿，至不烫手时再来切），搭配蒜泥酱油或喜欢的蘸酱来吃；若并非马上要吃，就将肉收入保鲜盒里，在肉上盖一张厨房纸巾，淋上一些煮肉的汤汁，这样肉就不会变干硬，完全放凉后才可放入冰箱保存。

   ★ 煮肉的水量必须足够淹过肉的高度，在肉上倒扣一个盘子，是为了确保肉在汤汁滚沸时不会浮出水面，而是被好好泡在滚水里，才能均匀地被煮熟。

   煮完肉的汤汁，因含有大量油脂，如果想留下来利用，请把汤里的残渣捞干净，待汤汁完全冷却后放入冰箱，让油脂浮到表面上，用汤匙刮除这层油脂，底下的汤就可以当高汤用了，但即便如此汤里其实还是含有一些油脂的，因此利用这款高汤时，要注意不要再添加其他油脂了，以免菜肴太油腻。

韩风菜包肉

韩国人除了会把烤肉用生菜包起来吃，
他们也会把水煮五花肉用生菜和各式配料包着吃。

生菜、大蒜、辣椒、泡菜都可以让五花肉吃来更清爽，除让五花肉口感丰富之外也能衬托肉的原汁原味，有肉有菜算是挺均衡的一餐。

韩风菜包肉的配料，除了以下我选用的这几项，也可以随自己喜好使用其他食材，例如还可以包米饭、板豆腐、海苔、番茄片、洋葱、蒜苗或青葱，我还看过韩国人会包奶酪，下回我也想尝试看看！

材料

水煮五花肉　约 300 克

大蒜（切片）　适量

青辣椒（斜切薄片）　适量

韩式泡菜　适量

萝蔓莴苣（或喜欢的生菜）　适量

做法

将水煮五花肉切片，蒸锅水滚后放入，蒸 5 分钟，就可以取出上桌，用各式生菜和配料包着五花肉享用。

★ 若是刚煮好的五花肉，不需再经过蒸热的步骤，直接切片摆盘即可。肉要切得厚还是薄，全看个人喜好，切得厚些，吃起来会明显感觉到五花肉的存在，若是怕肥的人，则可以切得薄些。

书里还有其他小菜或蘸酱也可搭配：

p.181 韩式醋酱油渍洋葱

p.201 拌一拌韭菜泡菜

p.212 兔女王老虎酱

香葱红烧肉

我们家喜欢的红烧肉，是那种炖到瘦肉部位软嫩无纤维感，肥肉部分入口即化的程度的。

但如果要从生肉炖到这种程度，大概需要至少 1.5 小时，红烧肉从来就不是随便滚两下就会好吃的食物。不过，如果备有已经煮熟的水煮五花肉，只需要再花一点时间把酱汁烧到入味通透就可以了。忙碌的日子里想来一小锅红烧肉也没问题，这就是有备无患的方便菜派上大用场的时候。

材料

水煮五花肉　约 500 克

葱　3 根

糖　1 大匙 + 1 小匙

酱油　3 大匙

绍兴酒　3 大匙

水　200 毫升

做法

1. 水煮五花肉切成 3.5 ~ 4 厘米见方的块状。青葱以刀背拍过，切成长段。

2. 干锅里不放水也不放油，放入葱段，开中小火慢慢干煸，煸到葱变软流出葱汁，表面出现微焦并闻到葱香，放入五花肉和 1 大匙糖、酱油、绍兴酒和水，翻拌均匀，煮至沸腾后，转最小火，维持汤面微微滚冒小泡泡的状态即可，在肉上面倒扣一个略有重量的瓷盘子，使肉能完全被煮汁包覆，盖上锅盖，炖煮 30 分钟。

3. 时间到打开锅盖，取出倒扣的盘子，放入 1 小匙糖拌匀，改转中大火，让汤汁大滚一会儿，见到汤汁开始变得浓稠，熄火即可。

   ★ 在这个阶段，肉已经炖得非常软烂，因此在翻拌或盛盘时都要轻柔，以免把肉弄碎，卖相不佳。

椒香回锅肉

常备的水煮五花肉，非常适合切薄片拿来和各式蔬菜一起炒成回锅肉。五花肉本身已有足够的油脂，只要下锅煸炒几下，煸出来的油脂就够炒菜了，这种一盘有菜有肉又下饭的快炒，最得主妇之心，除了可以快速开饭之外，总是会被吃光清空的盘子，让人看了也十分舒心。

除了下饭，我们家特别喜欢拿这道回锅肉来夹馒头吃，不想吃米饭的时候，吃馒头也挺不错的呢。

材料

水煮五花肉　300 克
糯米椒　150 克
红辣椒　1 根
大蒜（大致切碎）　5 瓣
黑豆豉　1 大匙

调味料

糖　1/3 小匙
酱油　1 大匙
米酒　1 大匙
高汤或水　1 大匙
米醋　1/2 小匙
白胡椒粉　适量

做法

1. 五花肉切成薄片。糯米椒和红辣椒均去除蒂头，斜切成长段。

2. 将锅烧热，放入五花肉，以中火煸炒，将肉的肥油逼出，待肉的两面出现金黄微焦，肉片由原本的湿软变得有点干松，就可将肉片盛出，备用。
★ 煸炒五花肉时，可以慢慢翻炒不用快炒，但翻炒的动作不要停，因为五花肉片含有猪皮和水分，在煸炒时可能会有少许油爆，如果肉在锅里静止不动，会变成接近炸的状态，就会不停有油爆，但只要让肉持续被翻炒，就没有问题了。

3. 在同一个炒锅里放入大蒜和红辣椒，转小火爆香，再投入糯米椒翻炒，看到糯米椒变得油亮青绿，闻到椒香了，放入黑豆豉和五花肉，放入糖、酱油、米酒和高汤，翻炒均匀，放入米醋和白胡椒粉再炒两下，即可熄火起锅盛盘。

在料理中
获得能量

基础必备菜

泰式凉拌海鲜

我们家很爱吃泰国菜，每次上泰菜餐馆，必点的就是酸酸辣辣的泰式凉拌海鲜。

在外面吃这道菜，总是觉得盘子里菜很多但海鲜很少，吃得很不过瘾啊，所以想吃的时候，我就自己做，可以大手笔地放很多爱吃的虾和剑尖枪乌贼，爽快！

我在料理训练课程里学到过做好这道菜的秘诀，在汆烫海鲜时，不要剥掉虾壳也不要把乌贼切开，而是整只整尾的投入滚水中，烫好了才剥壳和切段，用这个方法清烫出来的海鲜，能保留更多的鲜甜味。另外，做泰式凉拌菜，酸味、甜味、咸味、辣味都要下足，吃起来才有泰菜淋漓的痛快感。

材料

带壳白虾或沙虾　300 克
（约 15~20 只）
乌贼　1 只
中小型番茄　1 个
洋葱　1/4 个
芹菜　3 枝
（不要太粗，以细嫩的为佳）
香菜　1~2 株

酱汁

小的红辣椒（切很碎）　2/3 根
（此为微辣程度，请依自家喜爱辣度增减用量）
大蒜（切很碎）　4 瓣
糖　1 大匙
鱼露　3 大匙
柠檬汁　3 大匙

做法

1. 先将凉拌海鲜的酱汁调好，备用。如果家里有捣钵或研磨钵，将大蒜和辣椒捣过，香气会更足。洋葱顺着纤维方向切成细丝，浸在冰水里 15 分钟去除辛辣味，捞出沥干，备用。

2. 芹菜摘掉叶子不用，切成方便吃的小段。香菜不切，直接以手折成小段。番茄切成方便吃的小块。乌贼略冲洗，若身体里残留有墨囊和透明硬骨，要去除。鲜虾略冲洗，小心虾头有尖刺，不要刺伤自己。取一支牙签或竹扦，从虾头后方的第二节虾背处刺入，轻轻将虾的肠泥挑起抽出来，这是虾腥臭味的来源。

3. 以大火煮一锅足够完全淹过海鲜的滚水；另外准备一盆冰块水，备用。水煮到完全沸腾时，先放入整只乌贼，待水再次沸腾，计时 1.5 分钟，捞起乌贼浸入冰水中；别熄火，同一锅滚水再接着放入虾，待水再次沸腾，计时 1 分钟，捞起虾浸入冰水中。

   ★ 汆烫海鲜要大火水大滚，且水量不能太少，水太少无法维持温度，就比较难控制熟度；冰块水也不能太少，否则无法稳定降温，会影响海鲜的口感。水温水量、海鲜的大小都会影响汆烫所需时间的长短，请多留意锅中海鲜的讯号，乌贼肉变白个头略缩小，虾变橘红且虾身弯曲成“C”字形，都是已熟的讯号。

4. 待步骤 3 中的乌贼和鲜虾在冰水中完全降温冰凉了，就可以取出来，乌贼轮切成方便吃的厚度，虾剥去虾头和虾壳，加入步骤 1 和步骤 2 中的蔬菜和调好的酱汁翻拌均匀就完成了。

   ★ 剥下的虾头和虾壳不要丢掉，再加入少许水和酒，熬煮 10 分钟，就可以得到虾高汤。

   ★ 在翻拌食材和酱汁的时候，手是最佳的道具，可以翻拌得非常均匀且更加入味，只要把手洗干净或戴上一次性手套即可。这样尝试做一次你就会知道这和使用筷子或汤匙来拌效果完全不同。

牛丼风洋葱烧肉

我的日本朋友曾对我说，牛丼之于日本人，就像卤肉饭之于台湾人一样的重要，因此家家户户都有属于自己家味道的牛丼。

在我看来，牛丼的做法实在比卤肉饭简单快速多了，现在就和大家分享下我家的牛丼风洋葱烧肉，重点在于洋葱务必要在酱汁里好好地炖煮至完全熟软而透明，甜味尽出，才可以投入带有油花的火锅用霜降牛肉片，一煮沸即熄火，可以享用鲜甜的洋葱和柔软的牛肉，又快又简单，连同酱汁一起淋在白饭上就成了牛丼，搭配甜姜片、温泉蛋或七味粉一起吃，何必上街吃牛丼呢?

材料

火锅用霜降牛肉片　250 克（不要太瘦，以带点油花的为佳）

洋葱　1 个

酱汁

酱油　4 大匙

本味醂　100 毫升

高汤　140 毫升（我使用昆布柴鱼高汤，做法详见 p.52 ）

★ 保存：冰箱冷藏 5 日，冷冻 3 周。

做法

1. 洋葱先对半切开，再顺着纤维方向切成约 0.5 厘米宽的长条。牛肉片若使用的是冷冻的，需事先完全解冻，未完全解冻的肉片，难以控制熟度一致，且容易使汤汁浑浊。

2. 将洋葱和酱汁全部放入锅内，以中火煮滚后，转小火，加盖慢煮至洋葱完全熟软呈透明状，大约用时 8 分钟。

   ★ 将洋葱完全煮透，释出鲜甜，是美味的重点。

3. 将牛肉片投入步骤 2 中的锅内，以筷子把牛肉和酱汁搅拌均匀，改转中火将汤汁煮沸，至牛肉片中心仍微微带有淡粉红色即可熄火，利用余热静置 1 分钟至刚好全熟，即可淋在米饭上享用。也可以用来夹面包做成三明治，也很好吃喔。

莲藕菱角排骨汤

莲藕和菱角是我们夫妻俩都非常喜欢吃的食材。整个夏季直到初秋，都能吃到美味的莲藕和菱角，尤其我特别喜爱来自桃园观音乡栽培的本地莲藕，虽然个头较小一些，但口感松软带一点脆，非常美味。

莲藕和菱角都是滋味清淡的食材，这道汤品呈现的也是清新细致的风味，越是简单的菜肴，食材本身的品质就越是重要。莲藕要选当季盛产的最美味，煮出来的藕和汤色都清清白白，若过了盛产期，常常会买到煮了会发紫发黑的莲藕。选购时注意看，藕身若还带着湿泥，个头不要过大，外表没有损伤发软，通常就是不错的藕。而菱角则要注意不要购买颜色过度洁白一致的，恐有泡过药水之疑，以表面还带着块淡紫色薄皮的为佳。菱角产期比莲藕更短，我常在盛产时多买些放冷冻库保存，可保半年无虞。

这道汤要炖得好吃，时间一定要足，莲藕和菱角需要彻底炖透，才会松软清甜，汤头才会甘美，若炖得不够透，吃起来便没滋没味。如果有时间能够在前一日先炖好，经过一夜的浸润，汤会更入味好吃。

一锅煮好就有肉有菜有汤可食，真好呐！

材料

中型莲藕　1 根（约 400 克）

去壳菱角　200 克

猪梅花排骨　500~600 克

（或是其他肉多的排骨部位，例如胛心排或软骨肉）

嫩姜或中姜　1 小节（约大拇指长度）

香菜　1 株（约 3 根）

米酒　3 大匙

水　2000 毫升

调味料

盐　约 2 小匙

做法

1. 姜清洗后，将菜刀背平放在姜身上，拍裂。菱角略冲洗一下，沥干水，备用。

2. 将莲藕粘附的湿泥刷洗干净，削去莲藕外皮，切除黑硬的藕节，再轮切成1厘米左右厚的圆片（若是买到比较粗的藕，亦可先对半剖开再切成半月形）。

3. 将排骨洗干净，投入锅中，加入可淹过排骨的清水，以中大火开始煮，等水滚沸，计时1分钟，再捞出排骨，以冷水快速冲洗一下，将粘附在排骨上的浮沫冲掉，如此才能炖出清澈无杂质的汤（汆烫用的水倒掉不使用）。

4. 将处理好的姜、菱角、莲藕、排骨投入汤锅中，加入米酒和水淹过锅中食材，开大火煮沸后，若汤面有浮沫则捞除。盖好锅盖，先以中小火炖煮20分钟，再转小火，维持汤面冒小泡小滚而非大滚大沸的状态，炖煮40分钟。（设定计时器或手机闹钟提醒，不需要一直在炉前看顾）

5. 时间到后打开盖子，放入盐调味，熄火后可以马上享用，有时间的话也可以盖回锅盖继续闷着。将香菜用手大致掐成小段，置于汤碗中，再盛入汤料，就可以上桌了，可以再搭配胡椒盐或酱油膏来蘸食汤料。
★香菜用手掐而不用刀切，切口就不会变黑变黄，可保鲜绿。

羊肉炖豆腐

如果要讨论最喜欢的肉，我们家最喜欢的就是羊肉了。

材料

火锅用霜降羊肉片　1盒（约250克）
板豆腐或木棉豆腐　1块（约250克）
姜丝　约1小节姜的分量

羊肉抓腌用

盐　2指捏的1小撮
蛋白　1个
草果粉　1/2小匙

煮汁

水　60毫升
米酒　100毫升（如果怕酒味，可酌量减少酒的分量，增加水来代替）
糖　1/4小匙
酱油　5/2大匙
草果粉　1/2小匙

★ 草果粉是由整粒的草果研磨成粉，可在东南亚食材店或中药行购得，因为久放香气会散失，因此小分量购买使用就好。

★保存：冰箱冷藏3日。

做法

1. 板豆腐切成四个大方块，撒上1小撮盐抹匀，静置15分钟出水，再以厨房纸巾吸干水，备用。

   ★ 豆腐撒上盐静置出水，并用纸巾吸干水，如此下锅去炖的时候，调味料的味道才容易被吸进去，加速入味，也比较不容易破碎。

2. 把羊肉放入大碗里，加入盐、蛋白和草果粉，以手指轻轻画圈的方式抓拌均匀，让蛋白完全被羊肉吸收，羊肉才会嫩口。

3. 在锅中放入姜丝、豆腐和煮汁的调味料，开中大火煮滚后，改转小火，盖上锅盖炖煮5分钟。时间到后打开锅盖，将豆腐翻面，在锅中空位投入羊肉片，稍微搅拌让羊肉和汤汁融合，盖回盖子，再炖煮5分钟，熄火完成。

   ★ 如果喜欢辣味，可以撒上辣椒粉或日式七味粉来享用，也可搭配葱花。

我们家吃火锅要涮肉片的时候，绝不会考虑牛肉猪肉，一定是点羊肉啊。很多人害怕羊肉的腥膻味，其实只要肉的品质好、够新鲜，没什么腥膻味的问题，再来就是，使用能够衬托羊肉味道的香料。我向大家推荐草果，草果实在是羊肉的好朋友，做任何羊肉料理，都可以加一点草果，能去腥增香，带给料理清新的香气。

羊肉搭配豆腐一起吃，爽口解腻，而汤汁则是拌饭的好搭档，一定要好好利用。

炙烤鲜虾菜花拌柠檬酸豆香菜酱汁

这道只要烤一烤、拌一拌就能完成的零油烟菜色，在我家已经登场无数次，当您想来点开胃的食物、想大啖鲜虾、想喝点小酒的时候，这道菜就很合适。

有些菜天生就是绝配，没有道理不把它们搭在一起，菜花鲜虾、白酒、酸豆、香菜、柠檬和橄榄油，就是绝不会出错的美味组合，如果你买了新鲜的虾，备有优质的冷压初榨橄榄油，请务必试试这道菜。刚拌好热热的就可以享用，但如果事先做好准备在冰箱里，冰凉后更入味也很好吃。我们家特别喜欢吃凉的版本，爽口开胃，连壳烤的鲜虾完全锁住虾的鲜甜，还可以吸吮虾头里的虾膏，爽快！

材料

中型的菜花　1/2 棵
带壳鲜虾　300 克（肉厚的虾适合烤来吃，剑虾、沙虾或白虾皆可）
盐　约 1/2 小匙
不甜的白酒　2 大匙
黑胡椒　适量
★ 保存：冰箱冷藏 3 日。

酱汁

大蒜（切细碎）　3 瓣
酸豆（切碎）　1 小匙
香菜（以手折成小段）　2 株
柠檬（挤汁用）　1/2 颗
冷压初榨橄榄油　2 大匙

做法

1. 菜花清洗干净，将花蕾分切成方便吃的小朵，梗部若有较粗厚的外皮，用削皮刀削除。

2. 剪去鲜虾头部的尖刺和长须，虾脚也剪除，取一支牙签或细竹扦，从虾头后方的第二节虾背处刺入，轻轻将虾肠泥挑出来丢掉，全部处理好之后，将虾冲洗干净，沥干水，备用。
   ★ 在处理虾的时候，要特别留意虾头的尖刺非常锐利，不要刺伤自己。连壳料理的虾，把尖刺、长须和虾脚都先剪除，可以更方便安全地食用，成品看起来也会比较干净细致。去除虾肠泥虽然有点麻烦，但为了卫生和口感这是必要的步骤。

3. 烤箱预热至 220℃，若有旋风功能也请打开。利用预热烤箱的时间，在烤盘上铺好烘焙纸，将菜花和鲜虾平铺在烤盘里，均匀撒上盐再淋上白酒，送入预热好的烤箱，烤 10 分钟，至鲜虾全体变为橘红色，菜花表面微有焦色的程度。

4. 利用烘烤的时间，取一个方便搅拌的大盆，先拌好酱汁在大盆里，待步骤 3 中的鲜虾和菜花烤好，趁热全部倒入大盆中，烤盘里的汁液不可放过，也一并倒入，最后撒上黑胡椒后翻拌均匀就完成了，可以马上吃，也可以放凉后入冰箱冰镇入味，当作凉菜吃。

番茄蛤蜊辣炖猪

我很喜欢把蔬菜、海鲜和肉类一同烧成一道菜，这样的一锅里，有海鲜的鲜味、有肉的香润亦有蔬果的清甜，通通一次到齐；虽然简单，却是营养很丰富的一道菜，更何况还有香浓的汤汁，配面包、配意大利面或配饭皆宜。

炖这道菜不用加水，番茄和白酒的原汁原味已足够，另外一个重点是选择适合炖煮的猪肉部位。我特别喜欢小腱子肉，是瘦肉带一点点软筋的部位，久炖后依然软嫩，属于在肉摊上很抢手的肉，得早点上市场去买才行。

材料

猪小腱子肉　300 克
蛤蜊　300 克
番茄　2 个（约 250 克）
洋葱（切小丁）　1/4 个
大蒜（大致切碎）　5 瓣
大的红辣椒（轮切）　1 根
干辣椒　约 1 大匙
香菜　1 株
柠檬　1/4 个
橄榄油　1 大匙
不甜的白酒　4 大匙
黑胡椒　适量
盐　适量

猪肉腌料

盐　约 2/3 小匙（盐量为猪肉重量的 1%）
黑胡椒　适量

做法

1. 蛤蜊浸于盐水中吐沙 30 分钟，捞至另一盆净水中搓洗干净，备用。将猪小腱子肉逆着肉的纤维方向切成 1.5 厘米厚的大块，撒上盐和黑胡椒搓揉均匀，腌至少 30 分钟入味。番茄切成小丁。

2. 在锅中放入洋葱和橄榄油，以小火慢慢将洋葱炒至透明柔软，再接着放入大蒜、红辣椒和干辣椒，炒出香气后，放入番茄丁、小腱子肉和 2 大匙白酒，翻炒均匀，待锅内汤汁沸腾，转成最小火，维持微滚冒小泡的状态，盖上锅盖，炖煮 30 分钟。

3. 时间到打开锅盖，放入蛤蜊，再淋上 2 大匙白酒，转中大火，煮至蛤蜊开口，翻拌均匀就完成了，上桌开饭时撒上黑胡椒、香菜和现挤柠檬汁享用。

泡菜辣炒鸡排

大概每个去韩国玩的人，都会去吃辣炒鸡排。在一个大铁锅里，炒得香香辣辣的鸡肉和蔬菜，配上冰凉啤酒或马格利酒，真的很过瘾。

其实这道菜一点也不难做，很容易如法炮制。原本韩国辣炒鸡排使用的主调味料是韩式辣椒酱，但因在台湾很难购得真正天然发酵的韩式辣椒酱，所以我干脆省略，改用泡菜和辣椒粉，先把鸡腿肉腌得柔软入味，接下来只需将全部材料丢进锅里，煮 10 分钟就可以吃了。一大锅有肉有蔬菜，吃完锅里的料，再把米饭丢进去做成炒饭，让米饭把所有汤汁吸干抹净，用海苔或生菜包着炒饭吃，简直完美。

材料

去骨仿土鸡腿肉　1 片
（约 350 克）
韩式泡菜　1 碗（约 200 克）
黄豆芽　1 盒（约 300 克）
青蒜　1 根（或青葱 3 根）
白芝麻油　1 大匙

鸡腿腌料

大蒜（磨成泥）　3~4 瓣
洋葱（磨成泥）　1/4 个
糖　2 小匙
盐　2 指捏的一小撮
磨细的辣椒粉　1 大匙
泡菜汁　1 大匙
米酒　1 大匙
酱油　2 大匙

做法

1. 把鸡腿肉洗干净，剪除多余鸡皮和肥油，用厨房剪刀或叉子尖端刺几下，以方便入味，切成比一口再略大的块状，不要切太小，煮制时肉会缩紧。把鸡腿肉放入一个方便搅拌的大碗里，放入全部的鸡腿腌料，用手抓拌均匀，静置腌渍至少 30 分钟。（如果能事先准备，放在冰箱中静置 4 小时或隔夜会更加入味）

   ★　在搅拌调味料来腌渍肉类的时候，双手是最好的道具，比起用筷子或汤匙，手指能够拌得更均匀，手的抓力能帮助肉把调味料吸进去，也会使肉变软而有弹性。

2. 黄豆芽大致冲洗一下，沥干，备用。青蒜斜切成段。

3. 先不用开火，在平底锅或炒锅中放入 1 大匙白芝麻油，依序铺上黄豆芽、泡菜、鸡腿肉和青蒜，盖上锅盖，开中大火加热 5 分钟，打开锅盖，翻拌均匀，会看到黄豆芽出了很多汤汁，盖上盖子，再继续煮 5 分钟。

4. 时间到打开锅盖，再次翻炒几下，锅底汤汁变得有些浓稠就完成了。

   ★　可以搭配米饭享用，也可以先吃肉和菜，再利用锅底汤汁来炒饭。

千层白菜猪肉蒸锅

最早在日本料理节目上认识了这道千层白菜猪肉蒸锅，因为感觉好玩又好看，我便尝试着做，结果实在是简单又美味。冬日里盛产美味的大白菜时，这道菜就常在我家登场。

做的次数多了，我开始给这道菜加料，让它更丰富。现在我家的千层白菜猪肉蒸锅已经不会只放大白菜了，我们喜欢放爽脆的黄豆芽和鲜甜的菇类，整个搞成接近火锅的程度。

材料

火锅用猪五花或梅花肉片　250~300 克
小型的大白菜　1 棵（若是大型的约半棵）
黄豆芽　120 克
鸿喜菇　1 包（约 130 克）
白芝麻油或香油　2 小匙
盐、黑胡椒各适量
米酒　3 大匙
酱油　1/2 大匙
高汤或水　100 毫升

★　这道菜因为大白菜和黄豆芽在蒸煮过程中自身会产出很多汤汁，因此也可以完全不加高汤或水，但如果特别喜欢喝汤，我认为倒也不必坚持要无水料理，加些高汤也挺好。

做法

1. 备一个足够容纳食材的锅，放入白芝麻油。将黄豆芽清洗干净，沥干水，先平铺排入锅内。在猪肉片上均匀撒少许的盐和黑胡椒；大白菜逐片清洗干净，沥干，取一片大白菜为底，视肉片的大小，在上面平铺 2 ~ 3 片肉，接着继续重复一层大白菜一层肉，至所有材料都铺完。将叠好的大白菜猪肉切适当大小，一层一层立着排入锅中，尽量排得很挤很紧没有空隙，蒸煮时才不会散开，锅中间的空位则塞入鸿喜菇，最后淋上米酒、酱油和高汤。

2. 将锅放至炉台上，开中火盖上锅盖加热，待闻到麻油香气，听到锅发出沸腾的哔剥声响，改转小火，蒸煮约 15 分钟，熄火不开盖继续闷 10 分钟。

3. 时间到请打开锅盖，香气四溢的千层白菜猪肉蒸锅就可以上桌了。
   ★千层白菜猪肉蒸锅可以直接品尝原味，也可以搭配喜欢的蘸酱，与日本柚子胡椒很搭，挤上一点柠檬汁也很对味。本书里的几款蘸酱亦很合适：如 p.214 万能和风柠桔酱、p.212 兔女王老虎酱。

里芋豆干炖软骨肉

里芋，也就是台湾本地秋冬时节盛产的小芋头，质地比大芋头更细致，几乎是接近马铃薯般的松软，不论是简单清蒸来吃，还是拿来和肉类同烧，都非常美味！

这道里芋豆干炖软骨肉，做法简单又好吃，是集三味于一体的美味！可以品尝到完全炖煮入味的松绵小芋头，在汤汁里滚煮得外表膨皮、内里一洞一洞的豆干，还有香软兼脆口的软骨肉。在小芋头上市的季节里，请务必一试。

材料

小芋头　5个（约350克）
猪软骨肉　450克
白豆干（对切）　5片
葱段　2根
葱花　约1大匙
大蒜（拍裂）　5瓣
八角　1~2个

调味料

糖　1大匙
绍兴酒　3大匙
酱油　3大匙
水　250毫升

★ 小芋头的个头有大有小，尽量挑选大小一致的，不要有的大有的小，这样在熟成度上会比较难掌握。
猪软骨肉是猪梅花肉旁一块带有肉和软骨的部位，非常适合炖煮，但只有在传统市场的肉摊才会买到这个部位的肉，如果不方便买到，也可以使用梅花肉或五花肉。另外，软骨肉自己分切不是很容易，最好在购买时就请店家帮忙切好。

做法

1. 先汆烫猪软骨。将猪软骨肉清洗干净，放入锅中，注入可淹过肉的清水，开中火煮至水沸腾，计时 1 分钟，捞出猪软骨，略冲洗一下，备用。

2. 继续使用同一锅水，把水煮至沸腾，小芋头不用洗，直接放入水中，煮 3 分钟，捞出小芋头，在水龙头下冲洗一下，静置至不烫手的程度，放到砧板上切去表皮。
   ★ 因小芋头如果直接清洗削皮，它表面的黏液很容易引发皮肤的发痒反应，而且是剧烈的痒，所以有些人会戴手套来处理芋头。但我戴上手套就会变得很笨拙，没办法好好处理，于是我习惯先把小芋头略煮一下，不必煮熟，只要把小芋头的表皮烫熟了，再来削皮就不会手痒了。

3. 拿一个炖锅，在锅中放入葱段、大蒜和八角，再放入软骨肉、小芋头和豆干，放入全部的调味料，以中火开始炖煮，至锅中汤汁沸腾，在里面倒扣一个略有重量的瓷盘子，盖上锅盖转成小火，炖煮 30 分钟。

4. 时间到请打开锅盖，试吃一下，食材都炖软炖入味了，即可熄火起锅，撒上葱花上桌。

意式白酒煮鱼 Acqua Pazza

夏天的时候常常不想吃饭，只想要来点清新爽口的菜，简单配一点香酥的面包或意大利面，还有凉凉的柠檬气泡水和白酒，这时候我就会烧这道意式白酒煮鱼。

意式白酒煮鱼Acqua Pazza，起源是意大利拿坡里地区的渔夫料理。既是渔夫料理，自然不用精雕细琢，尽管随意豪迈地来做这道菜，把食材一个个放入锅里炖煮到香喷喷就对了。

只要买来新鲜的鱼和蛤蜊，加上大把的番茄、橄榄油与白酒，自然会让海洋的香气与大蒜、酸豆、橄榄的咸香完美融合，最后挤上的柠檬汁能起到画龙点睛的作用。

这道菜的汤汁是极品，煮些意大利面来拌着汤汁吃，或是用面包蘸着吃都好，千万别放过。

材料

赤鯮 1 尾（或是鲷鱼、鲈鱼、石狗公等白肉鱼皆可）
蛤蜊　1 碗（约 300 克）
牛番茄　1 个（或黑柿番茄亦可，不要用小番茄或圣女番茄，成菜口感不好）
洋葱　1/4 个
大蒜（切碎）　3 瓣
酸豆　1 小匙
罐头腌渍橄榄　5 粒
意大利平叶香芹　3 枝
（如果没有，可使用自己喜欢的香草取代，或直接省略亦无妨）
橄榄油　2 大匙

调味料

不甜的白酒　250 毫升
黑胡椒　适量
柠檬　1/4 个

做法

1. 蛤蜊浸于盐水中吐沙至少 30 分钟，捞入另一盆净水内搓洗干净，备用。

2. 把鱼身和鱼肚内血水清洗干净，接着将 1/2 小匙的盐均匀抹在整尾鱼身上和鱼肚内，静置 10 分钟后，以厨房纸巾吸干鱼身上的水，特别注意鱼头、鱼尾、鱼鳍也要全部吸干。鱼要下锅前必须吸干身上多余的水，这是做出无腥气鱼料理的必要步骤。牛番茄、洋葱和酸豆大致切碎。橄榄对半切开。香芹只取嫩枝、嫩叶，切碎。

   ★ 鱼背鳍非常尖锐，请小心不要刺伤自己。

3. 接下来将配料的香气都炒出来。取一个足以容得下鱼的锅，放入橄榄油、大蒜和洋葱，以小火慢炒爆香，待洋葱变软且闻到香气出来了，放入番茄、酸豆和橄榄，改转中大火，略炒几下，用铲子稍微按压锅里的番茄，让番茄更容易被煮软出味；把鱼放入锅中，倒入白酒，煮到汁水沸腾时，盖上锅盖，转成小火焖煮 10 分钟。

4. 时间到便开盖，用锅铲轻轻将鱼翻面，在鱼两侧空位放入蛤蜊，盖回锅盖，再焖煮 3~5 分钟，看到蛤蜊壳都打开了，撒上黑胡椒和香芹，就完成了，享用时挤上柠檬汁。

   ★ 如果很害怕翻面失败鱼会断头断尾，也可以不翻面，只要重复几次将锅中汤汁舀起淋在鱼身上即可。蛤蜊、酸豆、橄榄都带有咸味，请先尝过味道再斟酌是否加盐调味，我做这道菜时通常是不需要再放盐的。

泰式柠檬香茅烤鸡翅

夏日里的晚餐，常常不想吃饭，却想要喝点冰冰凉凉的啤酒，再大啃几只烤得香酥的鸡翅，这时我就会做这道菜。

这道菜的材料和做法都非常简单，不用开炉火，腌好放进烤箱烤一烤就好了，泰式的酸甜咸辣，加上柠檬的酸香气息，让人永远啃不够，绝对不会剩下。

材料

仿土鸡的鸡翅　6 ~ 8 个
（也可以用肉鸡翅，但仿土鸡翅肉多，啃起来比较爽快）
大蒜（切碎）　5 瓣
红辣椒（切碎）　1 根
香茅　2 根
（可在大型超市或东南亚杂货店购得，如果买不到，可省略）
黑胡椒　适量

鸡翅腌料

鱼露　3/2 大匙
白酒或米酒　1 大匙
糖　2 小匙
柠檬汁　3/2 大匙

做法

1. 将鸡翅清洗干净，肉厚的部位用叉子刺几下好帮助入味，取一个能容纳得下鸡翅的保鲜盒或密封袋，把鸡翅装进去，再把用刀背拍过的香茅、大蒜、辣椒、黑胡椒，和鸡翅腌料全部放入，以双手搓揉鸡翅，让所有材料和腌料均匀粘附在鸡翅上，密封置于冰箱中腌渍至少 2 小时，如果有时间能腌渍隔夜更好。

2. 取出腌好的鸡翅，置于室温下回温 15 分钟。将烤箱预热至 220℃，如果烤箱有旋风功能也请打开。在烤盘里铺好烘焙纸，再放入鸡翅，送入烤箱烘烤 20 ~ 25 分钟，烤到一半时间时，把鸡翅翻面，淋上剩余的腌料，再继续烤，至鸡翅肉熟、表皮金黄，即可取出盛盘，享用时可以再挤上柠檬汁，或撒点辣椒粉。

啊！“盗饭贼”

开胃菜
与下饭菜

韩式醋酱油渍洋葱

自从去韩国旅行时，在广藏市场的绿豆煎饼小摊上吃到这道小菜，我就立刻爱上了它，回家就立马试做，竟让我做出了跟当时吃到的口味一模一样的韩式醋酱油渍洋葱！

这道爽口解腻的小菜，做法出奇简单，使用的调味料也很单纯，是一道免开火、只要切切拌拌就能完成的开胃小菜，而且一拌好就可以马上吃，品尝洋葱特殊的微辣清甜风味。若是怕辣，则拌好后放冰箱腌渍 30 分钟，随着腌渍的时间越长，辛辣味就越低。

除了用白色或黄色洋葱制作，我也很喜欢用紫洋葱来做这道菜，紫洋葱颜色美丽、辣度较低，搭配其他菜肴可以在餐桌上呈现出诱人食欲的模样。这道小菜特别适合搭配较油腻的肉类主菜，也可以拿来拌在沙拉里，或和其他食材一起夹三明治享用都很合适，是百搭常备菜色。

材料

中型洋葱　2 个（250~300 克）

腌渍酱汁

砂糖　3 大匙
米醋　100 毫升
酱油　100 毫升

★ 保存方式：放置冰箱冷藏 5 日。

做法

1. 取一调理碗，将腌渍酱汁投入碗中，搅拌几下使砂糖化开。
2. 将洋葱切除头尾两端，剥去外层硬皮，再分切成约 2 厘米见方的块状。
3. 准备一个消毒过的干净干燥容器，将步骤 2 中的洋葱块放入容器中，再把步骤 1 中的腌渍酱汁淋上去，以干净筷子稍微搅拌或盖上盖子后摇晃瓶身，使洋葱都粘附到酱汁就完成了。如果酱汁无法完全淹盖过洋葱也没有关系，洋葱很容易入味，不用担心。

十香榨菜

我家的炒榨菜，一共放了十种食材和调料，我老公很爱吃，美其名为十香榨菜。

只要买到品质佳的好榨菜，大抵没有做得难吃的道理，我喜欢台南复兴酱园的榨菜，咸香够味不过咸，已切好丝很方便食用，再加上脆甜的竹笋，口感更丰富，我常常炒一大盒在冰箱备着，不用两天就吃光，越吃越想吃。

炒好的十香榨菜，热吃冷吃都好，我们家喜欢吃冷的。可以放在面里做成榨菜汤面或干拌面，放进汤里煮就是榨菜汤，煎蛋、夹馒头、配粥、凉拌豆腐、炒虾仁、炒肉丝时等都能派上用场，超级万用！

材料

切丝的榨菜　1 包（约 370 克）
竹笋　1 根（约 160 克）
青葱（切末）　2 根
大蒜（切末）　1 大匙（3~4 瓣）
大的红辣椒（切末）　1 根
鸡油（或喜欢的炒菜用油）　3/2 大匙
糖　1/4 小匙
酱油　3/2 小匙
白胡椒粉　1/4 小匙
绍兴酒　1/2 大匙
高汤或水　3 大匙

★ 鸡油可以自己炸，或在市场卖熟鸡肉的店家购得；如果不方便取得鸡油，也可以改用鹅油或自己喜欢的炒菜用油，但鸡油的香气非常适合这道菜，如果有鸡油请务必一试。

★ 保存：冰箱冷藏 1 周。

做法

1. 榨菜丝以清水大略冲洗一下，咬一口尝尝味道，若觉得非常咸，就把榨菜丝泡在冷水里 5~8 分钟去咸。注意不要泡太久，否则香气会流失且咸味太淡，泡完后再尝一口，味道应该是尝起来略偏咸的就可以了，沥出榨菜丝并挤干水，备用。竹笋剥壳后削去表面和底部粗硬部分，切成丝，大致与榨菜丝差不多粗即可。

2. 在无水无油的干锅中放入步骤 1 中的榨菜丝，以小火慢慢煸干，待锅里的嘶嘶声由大声变小声，榨菜丝炒到干干松松，取一根来吃吃看，如果吃起来非常爽脆，就可以盛出，备用。

   ★ 在炒制榨菜、萝卜干、酸菜等腌渍菜时，先以干锅煸干水分是共通的基本步骤，水分被炒干了，腌菜才会香而脆口。

3. 在炒锅里放入鸡油，以小火爆香葱末、蒜末和辣椒末，待闻到香气出来，放入竹笋丝拌炒，再加入高汤略煮一分钟，把竹笋丝煮软。接着把步骤 2 中的榨菜丝放入锅中，改中大火，加入糖、酱油和白胡椒粉，沿着锅边淋上绍兴酒，翻炒均匀就完成了。

炙烧青辣椒萝卜干辣酱

这道菜是从我的川菜老师那儿学来的，当时菜炒好一起锅，就遭到全班同学抢食，又香又辣又下饭，下酒也很过瘾。

这道菜不难做，食材也特容易取得，但要做得香辣俱全，则有几个小窍门需要注意点。青辣椒要干锅炙烧到表皮焦软而香气出，才能香甜；萝卜干泡水去咸后要尽量挤干，并且在锅里煸到干松后才能下油去炒，否则便不香不脆；香气是这道菜的灵魂，所有食材都要好好炒到香气出来，起锅前淋的高粱酒和陈年米醋亦是重点，以上都做到了，就可以收获美味的炙烧青辣椒萝卜干辣酱。热食冷食皆宜，放冰箱隔夜后味道更浓郁，配饭、下酒、夹馒头都好。

材料

辣的青辣椒　10 根（约 100 克）

萝卜干　50 克

厚片豆干　3 片（约 240 克，若使用薄片豆干则需要 6 片）

大的红辣椒（大致切碎）　1 根

大蒜（大致切碎）　3~4 瓣

★ 青辣椒的辣度只有微辣，如果怕辣，可以全数或半数改用不辣的糯米椒或青椒。

调味料

炒菜用油　3/2 大匙

糖　1 小匙

酱油　3/2 大匙

盐　2 指捏的一小撮

高粱酒　1 大匙（如果没有，可用米酒）

陈年米醋　1/2 大匙（或一般白醋亦可）

★ 保存：置于干净无水的加盖容器内，冰箱冷藏 4 日。

做法

1. 萝卜干切粗粒，大约是红豆的大小；吃一口尝尝味道，若觉得很咸，则泡水 3 分钟去咸，但别久浸，以免香气尽失，以厨房纸巾或纱布巾挤干水，备用。豆干切成 1 厘米见方的小丁。

2. 将整根青辣椒平铺在无水无油的干锅中，以中小火炙烧，待表皮被煸出焦黑痕迹，青辣椒由硬变软，并闻到香气即可取出，放凉至不烫手，切去蒂头后再轮切成约 1 厘米长的小段。

   ★ 不必担心烧焦而一直翻动青辣椒，待一面烧出焦色后再翻即可。

3. 同一个干锅，放入步骤 1 中的萝卜干，以中小火煸炒至萝卜干水分被煸干，才会香脆。把萝卜干拨至锅边，放入炒菜用油，爆香红辣椒末和大蒜末，再加入豆干丁和步骤 2 中的青辣椒，拌炒均匀后，放入糖、盐和酱油炒匀，改大火，沿着锅边淋入高粱酒和陈年米醋，快炒几下即可熄火，完成。

醉月儿

蛋黄像月亮，醉月儿就是醉蛋黄。
我做这道小菜的灵感，
来自去埔里酒厂参观时吃到的绍兴酒醉蛋，
蛋白吃来普通，
但那充满酒香的溏心蛋黄可真是人间美味呐！

一回来我便如法炮制，省去做醉蛋还要煮鸡蛋算时间的麻烦，我直接取蛋黄来做，材料和做法都超级简单，只要购买新鲜的优质鸡蛋，备有好酱油和陈年绍兴酒，就能做出好吃的溏心醉蛋黄。

醉月儿在冰箱里腌渍约 5 小时就可食，但如果能腌渍 8 小时以上或放隔夜，蛋黄会整个入味变成溏心状，放在热热的白饭上化开后，是最美味的享用时机。

材料

新鲜蛋黄　2 个
糖　2 指捏的一小撮
酱油　1 大匙
陈年绍兴酒　2 小匙（一般绍兴酒亦可）

做法

1. 将鸡蛋外壳冲洗干净、擦干。动作要轻柔，别弄破蛋壳。

2. 轻轻敲破蛋壳，取出完整蛋黄，置于干净无水的保存容器中，加入糖、酱油与绍兴酒，盖好盖子，放入冰箱腌渍至少 5 小时或隔夜，即可享用。

★ 请务必选择新鲜、品质佳的鸡蛋。摸过鸡蛋与蛋液后，请记得以肥皂洗手。
★保存方式：放置冰箱冷藏 2 日。

杏菇苍蝇头

充满豆豉咸香的苍蝇头，总让人想挖一大匙，
放在热热的白饭上，大口扒饭。

我家的苍蝇头，不常放绞肉，倒是常乱加些自己喜欢吃的食物，我老公特别喜欢加了皮蛋或豆干的版本，我喜欢的则是杏鲍菇，脆脆的韭菜薹与软软的杏鲍菇搭着吃，口感很特别。

这道杏菇苍蝇头，吃起来清爽，放凉了也好吃，喜欢吃辣的人，可以做得辣口一些，更有滋味，还有豆豉千万别忘了放，那可是这道菜的灵魂呐!

材料

韭菜薹　1 把（约 200 克）
杏鲍菇　2 根（约 100 克）
小的红辣椒（切碎）　2 根
（中辣程度，若要微辣则放 1 根就好）
大蒜（切碎）　3 瓣
黑豆豉　1 大匙
炒菜用油　1 大匙

★ 豆豉可以直接使用，若买的是干豆豉，需先泡水 2 分钟软化，沥干再用。

调味料

糖　1/2 小匙
酱油　3/2 小匙
米酒　1 大匙
白胡椒粉　少许

★ 保存：冰箱冷藏 3 日。

做法

1. 杏鲍菇切成小丁，大约 0.8 厘米见方。韭菜薹清洗干净，花朵的部分摘掉不要；切除根部约 1 厘米的长度，这是比较老而口感硬的部位，再把韭菜薹切成约 0.8 厘米长的小段。

2. 接下来炒制的工作需一气呵成。先将蒜末、辣椒末和炒菜用油放入炒锅中，开小火爆香后，再加入杏鲍菇略翻炒，等杏鲍菇出水变软，放入黑豆豉和调味料翻炒，待闻到香味了，放入韭菜薹，转大火拌炒均匀即成。

   ★ 因韭菜薹很容易熟，若炒太久会变黄，也失口感，所以大火略炒几下，断生即可。各家的黑豆豉咸度不太一样，在放酱油前请先尝一口，斟酌用量。

寿司屋的嫩姜甜醋渍

材料

姜　300 克
3 厘米 x 5 厘米见方的昆布　1 块
糖　70 克
米醋　60 毫升
消毒过的干燥保存容器　1 个（500 毫升容量的）

★ 请选购新鲜水嫩、无外伤、无漂白的嫩姜来制作。一块块像手指般笔直纤细，顶端带一点淡红或粉红色的嫩姜，纤维比较细致，辛辣度低，最适合制作甜姜片。若是结成手掌般球块状的，则是未来会生成老姜的部分，纤维粗而且辛辣，就不适合做甜姜片了。

本地嫩姜的产期为 5 月到 9 月，我通常会在 5 月或 6 月时制作。随着时间推移，嫩姜会越来越老，到 9 月时的嫩姜，通常纤维已经比 5 月、6 月时粗很多，而且辣度也提高了。

做法

1. 将嫩姜轻柔刷洗干净，削去表面粗黑的结节和受伤发黄的部分，以削皮刀或菜刀切成薄片。
   ★ 切得越薄，口感越细致。

2. 煮一小锅滚水，放入嫩姜片焯烫，计时 1 分钟立即熄火，将姜片沥出，摊开铺平在大盘中，让热气和水气散去。
   ★ 滚水快速烫过的目的是杀青并去除辛辣味；如果姜片尝起来很辣，可以多烫 1 分钟。

3. 把糖撒在嫩姜片上，翻拌均匀，静置蜜渍 10 分钟。待糖都化开，姜片变得柔软出汁了，把姜片连同生出的糖液汁水全部倒入保存瓶中，倒入米醋混拌均匀，放上昆布，稍微用筷子压一下让姜片完全浸入米醋里，盖上盖子，置于冰箱保存。腌渍隔夜就可以食用，随着腌渍的时间拉长，味道会越来越好吃。

在日本旅行时，总能在寿司屋里吃到美味的甜姜片。酸甜微辣的嫩姜片，让嘴里的鲜鱼味得到清新平衡。

可是在台湾，很多餐厅的甜姜片味道都太冲了，不是辣味没有处理好，就是一股呛醋味，甚至很多根本不是用糖，而是用成本低廉的高果糖糖浆来制作，不美味就算了，还增加身体的负担。

其实自家制作甜姜片超级简单，做好之后可在冰箱里保存半年之久，随时可为餐桌增加一品小菜，开胃解腻，腌汁还可以拿来做凉拌或沙拉的酱汁。我试做过很多配方，有台湾的也有日本的，都没有非常满意，最后终于被我研究出姜片要先用糖蜜浸渍一下的秘技，这一招使得我的甜姜片滋味大升级，得到我老公“不输日本料理店”的赞美，而且用这个方法可让需要的醋量减少一半，更经济呢！

柠檬油渍鲜菇

我很爱吃蘑菇，特别喜欢那弹弹软软的嚼感。

蘑菇可不是只能煮汤和涮火锅，我常同时买几款不同的菇类，做成这道柠檬油渍鲜菇。菇类和柠檬的酸香非常合拍，再加上大蒜、辣椒和橄榄油的香气，便能谱出咸香酸鲜的合奏曲。

这道菜刚做好时可以趁热吃，但如果放凉后进冰箱腌渍个几小时，会更加入味好吃，因此很适合事先做起来备着，随时可以当小菜吃。早餐时还能加入蛋液里煎成欧姆蛋或炒蛋，或是放在面包上做成开放三明治，拿来炒意大利面或拌生菜沙拉也很好。

材料

新鲜香菇　8 朵（约 140 克）
杏鲍菇　4 朵（约 180 克）
鸿喜菇　1 包（约 140 克）
大蒜（切片）　3 瓣
大的红辣椒（去籽切片）1 根
迷迭香　2 枝（如果没有，可以使用其他喜欢的香草代替）
★ 保存：冰箱冷藏 1 周。

调味料

橄榄油　5/2 大匙
柠檬汁　1 大匙
盐　1 小匙
黑胡椒　适量

做法

1. 将菇类切除蒂头，鸿喜菇用手掰成方便吃的小朵，鲜香菇和杏鲍菇以软毛刷或厨房纸巾轻轻擦去表面灰尘，用手撕成方便吃的大小。
   ★ 菇类尽量不要水洗，以免吸入水分并损失香气。用手撕的方式会比用刀切更有口感，也更容易吸附调味。

2. 在无水无油的干锅中放入步骤 1 中的菇类，以中火干煸，不要一直不停翻动，耐心等到蘑菇开始出水了，再翻拌几下就好。继续加热至锅底的水收干，菇身完全变软略为缩小，就可以熄火，盛出，备用。
   ★ 蘑菇体内有很多水分，先以干锅把水分煸出来，才能引出蘑菇本身的香甜味。

3. 继续使用步骤 2 中的锅不用洗，放入橄榄油、蒜片、辣椒片，开小火爆香，待闻到香气出来了，把蘑菇、迷迭香和盐投入锅中，转中小火炒匀，熄火后淋上柠檬汁和黑胡椒，翻拌均匀，完成。

香料醋渍季节时蔬

材料（750 毫升容器一瓶）

小黄瓜　1 根
红甜椒、黄甜椒各 1 个
红萝卜　1 根
新鲜茴香　3 枝（若手边没有可省略，或使用喜欢的香草代替）
大的红辣椒（去籽）　1/2 根
★ 除了上述的食材，只要选择质地较脆硬的蔬菜都可以，如洋葱、菜花、白萝卜、甘蓝。
★ 保存：冰箱冷藏 1 个月。

腌渍酱汁

砂糖　50 克
盐　1 大匙
原粒黑胡椒粒　1/2 小匙
陈年米醋　150 毫升
（亦可使用一般米醋）
水　300 毫升
月桂叶　1 片

做法

1. 将食材清洗干净，以厨房纸巾擦干表面的水。小黄瓜去除两端蒂头，对半剖开，以汤匙将中间的籽囊刮去不要，再切成方便吃的大小。红甜椒、黄甜椒对半剖开，去除蒂头和中间的籽，切成方便吃的大小。红萝卜切除蒂头，削皮后切成方便吃的大小。
   ★ 黄瓜去籽后比较不易软烂出水，腌渍后口感更脆。

2. 准备一个消毒过的、干净、干燥、有盖容器，最好是能够耐热及耐酸的玻璃或珐琅材质。将步骤 1 中的食材排放入容器中，最后放上红辣椒和茴香，尽量排满不要有大缝隙，以免食材浮出腌汁。

3. 将腌渍酱汁的材料放入小锅中，边煮边稍微搅拌使糖化开，一煮沸就立即熄火，趁热将酱汁倒入步骤 2 中的瓶中，确认酱汁足以将食材全部淹过，静置放凉后，盖上瓶盖，放入冰箱冷藏，腌渍隔日即可享用。
   ★ 倒入酱汁时请动作轻慢，小心飞溅以免烫伤。记得酱汁需趁热倒入瓶中，蔬菜腌渍好才会清脆可口，不用担心蔬菜会熟烂。

我家冰箱四季常备的这道香料醋渍季节时蔬，就是英文所称的“pickles”。我以前印象中的 pickles 就只有酸黄瓜，老实说，我并不喜欢市售酸黄瓜的强烈酸味和那股罐头味。直到有一次去日本旅行时，在餐厅里吃到店家自制的各式蔬菜 pickles，酸甜爽脆，酸度温和不会盖过食材原味，我非常喜爱。于是收集了许多 pickles 的食谱，历经多次实验组合试做，终于做出了我们家喜欢的味道。

只需用醋、水、糖、盐和喜欢的香料就可以制作，因不需要发酵所以零失败，腌制的隔天就可以食用，我时常做好一罐放在冰箱，随时可以享用，为我家开饭帮了不少忙。以干净无油无水的筷子夹取，直接享用蔬菜的鲜甜脆口，搭配重口味的菜肴十分开胃解腻，也可以淋上辣油变成中式风味的小菜，或者和其他蔬菜一起拌成沙拉，腌汁也可以用来当沙拉酱汁，只要再拌入特级初榨橄榄油即可，将醋渍时蔬剁碎了加入水煮蛋和美乃滋拌匀，就成了塔塔酱，搭配奶酪或沙丁鱼罐头就变成下酒菜，吃法千变万化呐！

夏日芒果沙拉

台湾是水果天堂，四季都有各式各样丰美的水果轮番上市。每次上市场，我都会挑选几款新鲜水果，回家摆放在餐桌上，既提供生活的风景，又带来美好的果香芬芳。

夏日里的芒果，香甜多汁，我想起了在泰国旅行时，常见街边小贩用酸咸的罗望子鱼露酱汁或是辣椒糖来凉拌芒果，那酸甜中带着微微咸辣的滋味，常让我怀念。不过自己做这道芒果沙拉一点都不难，只需要切切拌拌就完成了。

记得要先把水果冰凉，现切现拌现吃，滋味最好。

材料

中型芒果　1 个（约 650 克）
小番茄　约 10 个
干虾米　1/2 大匙
杏仁（或花生等其他坚果）　1 大匙

★ 芒果请不要挑选太过熟软的，摸起来结实略有硬度的比较适合凉拌。
★ 保存：冰箱冷藏 1 日。

沙拉酱汁

大的红辣椒（去籽切末）1/2 根
大蒜（切末）　1 瓣
糖　2 小匙
鱼露　2 小匙
柠檬汁　3/2 大匙
薄荷叶（切末）　5 片

做法

1. 虾米略冲洗，大略剁碎，备用。杏仁大略切或拍碎，呈略粗的碎粒即可。芒果剥皮，沿着中间芒果籽的边缘切下果肉，再切成方便吃的大小。小番茄对半切。将切好的芒果和小番茄置于方便翻拌的大盆中。

2. 沙拉酱汁的调味料搅拌均匀，确认糖完全化开，淋在步骤 1 中的水果上，轻轻翻拌，让水果均匀粘裹酱汁。

3. 干锅放入步骤 1 中的杏仁和虾米，开小火，烘烤至香气出来后，撒在沙拉上，就可以享用了。

我从小就很喜欢吃皇帝豆，不管怎么做我都爱吃，可是我老公却不爱吃，唯独这道面筋木耳烧皇帝豆他喜欢吃，只要用这个方法烧，多少皇帝豆他都会吃下去。

面筋罐头口感香甜，我家四季常备。购买面筋罐头的时候要注意看包装上的成分表，没有看不懂的化学调味成分的产品吃来比较安心。

这道菜也是热吃冷吃皆宜，我们家特别喜欢在吃稀饭时配这道凉菜，很对味喔！

材料

皇帝豆　250 克
面筋罐头　1 罐（约 120 克）
新鲜木耳　1 片（约 50 克）
青葱（切末）　1 根
炒菜用油　1 小匙
糖　1 小匙
高汤（或水）　2 大匙

★ 没有皇帝豆的季节，可以改用毛豆，也好吃呢。
★ 保存：冰箱冷藏 4 日。

做法

1. 烧一锅滚水，放入皇帝豆焯烫 3 分钟，捞出皇帝豆浸入冷水中。剥去皇帝豆的外皮不要，只留豆子。
   ★ 皇帝豆的外皮口感有点韧，如果不在意，也可以不用剥去皮，焯烫后浸冷水，再捞出备用即可。

2. 锅中放入油、皇帝豆和木耳，中火拌炒几下，再倒入一整罐的面筋，连同罐头内的汤汁也一起下锅，再添入糖和 2 大匙高汤，等锅中的汤水滚沸时，转小火，盖上锅盖焖煮 8~10 分钟，开盖将汤汁略为收干，尝一下皇帝豆，如果已熟软入味，撒上葱花，熄火完成。

面筋木耳烧皇帝豆

拌一拌韭菜泡菜

不论是在日本的拉面店还是在韩国的烤肉店，都经常能见到这道韭菜泡菜出场。清爽微辣的韭菜泡菜，搭配重口味的菜肴吃来爽口解腻，而搭配如白切肉或豆腐等清淡的菜式，却又可以变身成提供丰富味道的蘸酱，虽然是小配角，但却能散发出迷人光芒！

做法超级简单，只要切一切、拌一拌就好了，刚拌好即可食，但如果稍微静置腌渍 2~3 小时，味道会更加融合，韭菜的生味也会消失，会更好吃。

冰箱里随时常备，当小菜吃好，配面、配粥、配饼、蘸水饺亦佳，吃火锅、吃卤味也可以当蘸酱，拿来凉拌豆腐吃更是夏日里的开胃菜，变化多端。

材料

韭菜　1 把（约 150 克）
蒜（捣成泥）　2 瓣

酱汁

辣椒粉　1 大匙
糖　2 小匙
鱼露　1 小匙
酱油　5/2 大匙
冷开水　1 大匙
白芝麻油或香油　1 小匙

★ 保存：冰箱冷藏 2 周。

做法

1. 把韭菜清洗干净后，以冷开水再冲一次，沥干；叶子尾端若有黄烂的部分，摘去不要，切除白色根部约 1 厘米的长度，这是比较老而口感硬的部位，再把韭菜切成约 1 厘米长的小段。

2. 取一个方便搅拌的大盆或大碗，放入韭菜、蒜泥和除了白芝麻油以外的全部调味料，轻轻翻拌均匀后，最后再淋上白芝麻油拌匀，就完成了，以容器装好入冰箱保存。

   ★在凉拌菜里，常用白芝麻油或香油来增香和整合味道，可是油脂类不可一开始就一股脑地倒入，会阻碍调味料的味道进入食材，应该把油脂类放最后加入，而且量不可多，画龙点睛即可，油多则腻。

这道醋溜脆藕片，其实是从小馆子里的醋溜土豆丝变化来的。要做得好吃，首先要购买当季新鲜的莲藕，而且个头不能太粗大，偏小型的莲藕比较脆口；再就是醋和糖的分量不可太少，酸味和甜味如果不够鲜明，这道菜就不够滋味。

另外，如果使用生铁锅来炒莲藕，莲藕的多酚物质会和铁产生氧化反应，而使得莲藕颜色由白变黑，这虽然不影响风味，但如果在意颜色不好看的话，请避免使用生铁锅来烹调莲藕。

材料

偏小型的莲藕　1 根（约 400 克）
红辣椒（去籽，切碎或切丝）　1 根
炒菜用油　1 小匙

调味料

糖　3 小匙
米醋　3 大匙
（别用陈年醋，否则颜色会黑）
盐　1/2 小匙
辣油或花椒油　适量（如果没有可省略）

★ 保存：冰箱冷藏 3~4 日。

做法

1. 莲藕刷洗干净，切除中间黑硬的藕节，削去外皮，轮切成 0.2~0.3 厘米宽的薄片。切好的莲藕片浸入冷水中，去除表面淀粉质，炒起来会更脆口。

2. 在炒锅中放入炒菜用油和辣椒，以小火爆香。把步骤 1 中的莲藕沥出（不必刻意完全沥干，带一点水无妨），放入锅中，改转中火，先下 1 小匙糖、1 大匙醋、2 大匙水，拌炒至糖化开，再接着放第二次糖和醋再拌炒，试吃一下藕片，如果已经变得脆甜不涩口，就是差不多熟了，就可以下最后 1 小匙的糖、1 大匙醋和盐，拌炒均匀，即可熄火起锅。如果喜欢辣油或花椒油，可以淋上几滴。
   ★ 调味时先加入糖，是因为糖的分子小，如果先加盐，糖的味道不容易进到莲藕里，而这道菜特别需要甜味。糖和醋分三次加入拌炒，是为了让甜味和酸味完全进入藕片里，如果一次全部投入，味道就进不去。

醋溜脆藕片

莲藕如果炖汤来吃口感松松糯糯，但如果快炒来吃，则可以享受清脆的口感。

尼泊尔风味番茄黄瓜莎莎

大学时代的学生餐厅里，有一家尼泊尔老板经营的咖哩饭小铺，只要点咖哩饭，就会附上店家自制的超美味番茄黄瓜莎莎酱，我超喜欢吃，清爽的香气与口感，和重口味的咖哩超级搭配。

可惜我毕业后，小铺就从学生餐厅里消失了，美味再不可得，但人对美食的执念总是很强烈，我依循着味觉的记忆做出了有九成相像的尼泊尔风味番茄黄瓜莎莎，非常简单，只要切切拌拌就可以开动了。

除了和咖哩饭是绝配，也可以搭白煮蛋或炒蛋一起吃，或放在饼干或面包上吃，我也常拿来当作清烫海鲜、煎肉排和蒸马铃薯的配菜。如果前一晚做好，在早餐时就可以很方便的当作沙拉来吃。

材料

番茄　2 个（合计约 300 克）

洋葱　1/2 个

小黄瓜　1 根

青辣椒（去籽切碎）　2 根（微辣，若很怕辣，则可以只用 1 根）

大蒜（切碎）　2~3 瓣

香菜　1~2 株（约 10 枝）

★ 我喜欢同时使用牛番茄和黑柿番茄来做这道菜，因为黑柿番茄的酸味实在很适合做莎莎酱，如果能买到带着绿色的台湾黑柿番茄，请务必使用。

调味料

柠檬汁　3/2 大匙

糖　1 大匙

盐　1/2 小匙

Garam Masala 印度综合香料粉 1 小匙

黑胡椒　适量

★ Garam Masala 印度综合香料粉，是这道菜的灵魂调味料，在大型百货公司的超市、中和华新街的东南亚杂货店，或网络上专卖印度香料的店家皆可购得。如果实在不方便买到，可以用咖哩粉代替，但成品颜色会偏黄。

★ 保存：冰箱冷藏 3~4 日。

做法

1. 取一个方便搅拌的大盆或大碗在旁备用，食材切好就直接投入盆中。大蒜去皮，切碎；青辣椒切去蒂头和籽，再切碎；香菜的叶子用手摘下，香菜梗切碎；小黄瓜对切后再对切，切成四长条，刮去籽囊不要，再切成小丁，大约是豌豆仁的大小；洋葱和番茄均切小丁。
   ★ 当有好几样蔬菜要切的时候，切的顺序是，先切水分少的再切水分多的，就不会一直在湿湿的砧板上切东西，增加麻烦。

2. 将调味料一一加入步骤 1 中的大盆中，轻轻搅拌均匀就完成了。拌好即可食用，不过若有时间，可以静置 1~2 小时，味道会更加好吃。

核桃小鱼佃煮

日本料理店里的各种日式小菜都很美味，不过因为是进口货所以价钱也颇贵，小小一碟总是吃不过瘾。

但其实有些菜式自己做真的很简单，材料也很容易取得，像这道核桃小鱼佃煮就超级容易制作，下饭配酒皆宜，富含钙质和美好香气的小鱼干与核桃，煮得香香甜甜的，冷食比热食更好吃，因此可以事先做好备着。

材料

丁香小鱼干　50 克

核桃　50 克

★ 小鱼干请购买新鲜、形状完整，且店家保存良好的，最好是购买保存在冰箱中的产品，不够新鲜的小鱼干会有腥臭味，一闻便知。

调味料

米酒　1 大匙

本味醂　1 大匙

酱油　1 大匙

蜂蜜　3/2 大匙

★ 保存：冰箱冷藏 1 周。

做法

1. 小鱼干大略冲洗一下，手势轻柔，不要弄碎小鱼干，沥干，备用。若使用整颗的核桃，则大致掰成小丁。
   ★ 小鱼干只需快速地略冲洗，去除表面灰尘即可，不要冲洗太久或浸水，否则便失了香气。

2. 取一无水无油的干锅，将小鱼干放入锅中，开中小火，略翻炒至小鱼干的水气收干，变得干松且闻到香气出来，再放入核桃拌炒均匀。
   ★ 炒小鱼干时手势要轻柔，中小火边烘烤边慢慢略翻炒即可，无需担心烧焦而一直翻炒个不停，否则小鱼干炒不干也炒不香，而且会断头碎裂，成品卖相不佳。

3. 沿着锅边淋上米酒、本味醂和酱油，拌炒均匀，等看到汤汁滚沸，渐渐变得浓稠且为略收干的状态，即可先熄火，再投入蜂蜜，翻拌均匀，就完成了。若不急着食用，可以不加盖整锅静置放凉，会更加入味。
   ★ 因将蜂蜜高温加热后，香气会散失且容易产生酸味，所以请先熄火，最后再加入拌匀即可。这道菜我做的是适合大人下饭下酒的口味，调味略重，若是要做给小孩子吃，可酌量减少酱油的分量。

一匙无添加的美味

自制
万能调味酱

万用香蒜油

不知道有没有人跟我一样，觉得每天炒菜都要剥大蒜、剁大蒜、爆香大蒜实在有点麻烦，尤其是赶着时间要开饭的时候，实在没有耐心一颗颗地剥大蒜呐！

如果能事先把剥蒜、剁蒜、爆香的工作做好，炒菜时只要舀出来就可以直接下锅，那不是很便利吗？这款万用香蒜油就是如此发想而来的。

冰箱常备有万用香蒜油，除了节省做菜的前置准备时间，香蒜油还可以拿来拌沙拉或炒意大利面，淋在烤蔬菜上，腌肉、腌鱼也能胜任。在油里烤浸得香软的大蒜，撒点海盐和黑胡椒，拿来搭配面包或当作配菜也很合适。

用烤箱来做万用香蒜油的好处是，可以直接使用耐烤又方便保存的容器来盛装，做好了盖上盖子就可以放冰箱保存，省了倒来倒去油滴得到处是的麻烦。如果家里没有烤箱，也可以用小锅在煤气灶上以最小火来制作。来吧来吧，你也来做一罐万用香蒜油吧！

材料

大蒜　80 克

喜欢的食用油　80 克（或是足够淹过全部大蒜的分量）

耐烤箱温度的保存容器或烤皿

★ 制作这道调味酱大蒜最好不要使用市售已去皮的大蒜，去皮大蒜的香气容易散失，做成香蒜油效果较差。只要是你喜欢的食用油，都可以拿来做香蒜油，可以依自家做菜的习惯来决定，例如常做中式热炒的话，可以用鹅油、猪油，或自家习惯的炒菜用油，如果常做西式料理或意大利面的话，则可以用橄榄油。

★ 保存：冰箱冷藏 1 个月。

做法

大蒜切除底部黑硬部分，剥去外皮，放入容器内（不要装超过七分满，否则烘烤过程中油有可能会溢出），再注入食用油至完全淹过大蒜表面，送入烤箱（无需预热烤箱），以100℃烤1小时，至大蒜熟软、轻压即碎的程度，就完成了。放凉后盖上盖子，冰箱冷藏保存。炒菜时，以干净汤匙连蒜带油一起取用。

★ 有些人可能不在意大蒜尾端黑硬的部分，但我觉得黑黑的结节出现在菜肴里不太好看，习惯将它去除。另外，切除黑硬部分后，也比较容易剥皮。大蒜可以整粒使用，在油里被烤软之后，炒菜时只要以锅铲略压即碎；亦可依自家炒菜习惯，把大蒜切碎或切片来制作。

★ 烘烤的时间，依各家烤箱火力强弱不同、大蒜的大小厚薄不同可能略有差异，用时1~1.5小时，只要将大蒜烤到轻压即碎的程度即可。尽量不要因为想快点烤好就调高温度，高温加热过的油容易变质而出现油耗味，不利保存。

兔女王老虎酱

由于我老公喜欢吃辣，也爱吃各式的凉拌菜，所以我常做辣味的凉拌菜。长久做下来，我发现每次做都要切蒜末、切葱花、倒好几瓶调味料出来实在很麻烦，如果有一瓶万用的凉拌酱不是很方便吗？

于是我开始研究，尝试做了各种比例配方，终于做出了我们家喜欢的味道。这款酱汁酸香微辣，我最常用来做凉拌老虎菜，因此我丈夫便称此酱为老虎酱，但其实并非市售那种超辣的辣椒老虎酱。

只要花一次功夫做一瓶老虎酱，常备于冰箱中，随时可以取用来做各式凉拌菜的酱汁，也可以当作白切肉、海鲜或火锅的蘸酱，用来蘸水饺或拌面也很搭。

这款老虎酱的成分很简单，因此调味料的品质非常重要，请务必选用自己喜欢的优质辣油、酱油和醋来调制。

材料

A. 青葱碎　3 大匙（约需 2 根青葱）
大蒜碎　3 大匙
糖　3/2 小匙
酱油　3 大匙
米醋　3/2 大匙
乌醋　3/2 大匙（若没有乌醋，也可以使用米醋）

B. 辣油　1 大匙（若使用的辣油含有辣渣，请连同辣渣一起使用）
白芝麻油或香油　1/2 小匙

★ 为了能较长时间保存，葱洗好要切之前，先以厨房纸巾拭干水再切，砧板、刀子也尽量不要有生水。

★ 保存：冰箱冷藏 2 周。

做法

准备一个干净、干燥的有盖容器（我使用玻璃罐），将材料 A 放入容器中，搅拌均匀，确认糖化开后，再加入材料 B 拌匀，就完成了。

★ 记得每次取用时，要使用干净无水的汤匙。

★ 兔女王老虎酱的食谱应用：

凉拌牛肉老虎菜，p.103
鸡饭与白切鸡的蘸酱，p.114
水煮五花肉的蘸酱，p.143
韩风菜包肉的蘸酱，p.146

万能和风柠桔酱（ぽん酢）

日本的ぽん酢，是我非常喜爱的调味料，不论是当作锅物的蘸酱、搭配烤鱼煎鱼、凉拌豆腐、做日式凉面的酱汁，还是最简单的以涮肉片和白切肉来蘸食，都超级合拍，醒味兼解腻。

材料（成品约 280 毫升）

金桔汁　100 毫升
（约需 200 克左右的金桔）
柠檬汁　100 毫升
（约 4~5 个柠檬，有籽柠檬的香气比无籽柠檬合适）
酱油　200 毫升
本味醂　2 大匙
昆布　20 克
柴鱼片　50 克

★ 保存：冰箱冷藏半年。

在台湾，实在很难买到令我满意的**ぽん**酢。市售的产品，往往添加人工合成香料和化学调味剂，并且因为是日本进口，好的**ぽん**酢售价颇高。于是我想，能否利用台湾本地易取得的食材来自己制作？

日本的**ぽん**酢是使用日本柚子或日本酢橘制作，我则改以台湾产的金桔和柠檬来代替，做出了这款风味不输日本进口**ぽん**酢的万能和风柠桔酱，而且做法超级简单，我再也不必忍受难买又贵且成分不单纯的市售产品了。

做法

1. 金桔和柠檬分别清洗干净，擦干，以榨汁器或叉子辅助，榨出汁来。将昆布剪成小片或小条状，比较容易出味。

   ★ 若使用市售的现成金桔汁和柠檬汁，请确认是百分之百原汁，没加水且不含糖，才可用来制作。

2. 取一个容量 500 毫升以上的有盖玻璃瓶或容器，放入昆布、柴鱼片、酱油和本味醂，再倒进金桔汁和柠檬汁，略搅拌轻压，让所有材料都淹入在酱汁里，盖上盖子，静置在冰箱中 3 日。

3. 以纱布巾或较厚的厨房纸巾过滤出柠桔酱汁就完成了，把酱汁装入干净、无油、无水的密封瓶或罐子里，置于冰箱中保存。

   ★万能和风柠桔酱刚做好的时候，酸味比较锐利，经过一周后味道会渐渐变得圆润，总之这是一款经过时间沉淀、味道会越来越好的酱汁。

基本沙拉油醋酱

如果你仔细看过市售的沙拉酱成分表，就会发现不管什么口味、什么品牌，人工合成调味料和添加物真是多得吓人。

其实沙拉酱汁只有三个基本元素，就是咸味、酸味和油脂，只要在这三个元素上再添加喜爱的香味或甜味来做变化，自己在家里动动手指就可以调配出各式各样的沙拉酱，新鲜单纯安全又美味，何必花钱去买添加物满满的现成品呢？

我家早餐经常吃沙拉，于是我自己演化出了几款万用基本的沙拉油醋酱汁，也就是不管要拌哪一种沙拉都可以胜任，在赶时间的早晨，实在是帮了大忙，只要把材料放入罐子里，摇一摇，就完成了喔！

材料

糖　1大匙

盐　3指捏的1撮

法式第戎芥末酱 Dijon Mustard　2大匙

白葡萄酒醋　6大匙

冷压初榨橄榄油　6大匙

★ 保存：冰箱冷藏2周。

做法

取一个有盖子的玻璃瓶，将材料全部放入瓶中，拧紧瓶盖，上下摇晃均匀，完成。

★ 沙拉油醋酱汁保存在冰箱里，一段时间后有可能会油水分离或呈现凝结的状态，无妨，只要在使用前从冰箱取出，回温一会儿，再摇一摇或搅一搅，就会恢复原状。

好简单！小分量的

疗愈小甜点

兔女王的法国吐司

大概没有人不喜欢法国吐司吧，我也很喜欢呢！似乎大部分人做法国吐司，都是用吐司面包来做，但我发现，真正适合做法国吐司的其实是法国棍子面包baguette。

法国棍子面包本身有很多孔洞，质地也比较干，因此它很容易吸收大量的蛋奶汁，做成法国吐司后其香气和口感都超优异！

我这款法国吐司，是更方便做而且更好吃的兔女王版本。我觉得法国吐司要用锅煎很麻烦，奶油很容易烧焦，软软的吐司也不太好翻面，所以我改用烤箱烤。浸渍的蛋奶汁里不加砂糖，而是用更香甜的炼乳代替。

硬邦邦干巴巴的法棍变身成外皮香酥、内里如布丁般柔软的法国吐司，奶香浓郁，刚出炉时热热香香软软，一边呵气喊烫一边吃着，实在让人很满足，这是一款外面吃不到的独特法国吐司，请一定要试试看！

材料

法国棍子面包　1/2 根

蛋奶汁

鸡蛋　1 个

无盐奶油　10 克（事先取出冰箱回温至软化）

炼乳　40 克

牛奶　200 克

★ 保存：最好当天吃完，当天食用风味最佳，若当天无法吃完，应密封保存于冰箱，可冷藏 2 日。

做法

1. 法国棍子面包轮切成 4 厘米宽的块状，放在合适的容器或大盘里。取一个方便搅拌的大碗，放入奶油，用搅拌器或叉子略打散，再加入鸡蛋搅打，然后加入炼乳和牛奶，搅拌均匀，如果奶油还有点结小块，不要紧。

2. 将蛋奶汁均匀淋在步骤 1 中的棍子面包上，把面包翻面，让每一面都粘附到蛋奶汁。盖上盖子或包上保鲜膜，放在冰箱中静置至少 1 小时，如果能静置隔夜或 8 小时，效果会更完美。

3. 从冰箱取出面包，这时盘底的蛋奶汁应该已全部都被面包吸收了，轻轻将面包翻个面，备用。预热烤箱至 180℃。在烤盘中铺上烘焙纸再放面包，送进预热好的烤箱（如果烤箱有旋风功能，请打开），烘烤 10 分钟后，取出烤盘翻面一次，再续烤 10 分钟，接着把烤箱转到 200℃，烤 5 分钟，看到面包表面呈现金黄微焦，就完成了。可以搭配喜欢的果酱、蜂蜜或枫糖浆一起享用，也可以和炒蛋或煎火腿等一起当作早餐。

焦糖酒香苹果

逢年过节，我们家常常会收到苹果礼盒，有时候我们这两口子小家庭，实在无法短期内消耗那么多苹果；又或者有时候不小心买到了不脆或很酸的苹果，这时候，我就会做这道焦糖酒香苹果。

材料

中大型的苹果　2个（约650克）
糖　70克
柠檬汁　1/2大匙
无盐奶油　20克
白酒　1大匙
盐　2指捏的1小撮
肉桂粉　适量
（如果不喜欢，不放亦无妨）

★保存：冰箱冷藏2周，热吃比冷吃美味，食用前再略加热即可。

做法

1. 苹果清洗干净，削去皮，平均分切成6或8等份，切去蒂头和果核。

2. 在锅中放入奶油和苹果，以中小火加热，待奶油化开，与苹果翻拌均匀，再将糖放入，轻轻地翻拌锅中的苹果和糖，煮至糖化开起泡，开始转成焦糖色，大约要煮10分钟。
★ 注意糖煮化后会变得很烫，不要太大力地翻搅，以免糖液溅出而造成烫伤，也不要用手去摸锅里的糖或苹果。另外，煮的时间会依苹果的品种和水分含量不同而略有差异，大致上要煮10～20分钟，请观察锅中苹果和焦糖的状况来判断。

3. 放入白酒、1小撮盐和肉桂粉拌匀，一边搅拌一边再煮一会儿，让汤汁收得浓稠，焦糖晶亮地包裹住苹果，就可以熄火。
★ 煮好后不要立刻把苹果盛出，一方面锅和焦糖都很烫，为了安全起见，静置至少5分钟后再取用；另一方面，留一点时间让余温使苹果更加入味，吃起来会更美味。

把苹果切块，用奶油、砂糖和白酒煮得香香甜甜，呈现诱人的焦糖色泽，甜蜜里带着微酸，是符合大人口味的甜点。热乎乎的焦糖酒香苹果，可以配着冰凉凉的香草冰淇淋吃，也可以搭松饼或法式吐司，放在酸奶里一起吃也很美味，包在酥皮里面烤一烤就变身成苹果派和反转苹果塔，还可以当作煎猪排或煎鸭胸的配菜来平衡油腻，好吃万用。

你家里有多余吃不了的苹果吗？有就拿来煮焦糖酒香苹果吧！

焦糖酒香苹果的变化：苹果派

使用现成冷冻酥皮和备好的焦糖酒香苹果，想吃苹果派？超简单！

材料

焦糖酒香苹果　适量

冷冻起酥皮　2 张（可于大型超市或烘焙材料行购得）

蛋液　适量

做法

1. 将烤箱预热至 200℃。在烤盘上铺好烘焙纸，备用。

2. 将焦糖酒香苹果平铺在起酥皮上，在起酥皮的四周抹上一层蛋液，再盖上另一片酥皮，用叉子将两片酥皮的边缘轻压贴合，再在酥皮的表面刷一层蛋液，就可以把苹果派送入预热好的烤箱，烘烤 10 ~ 15 分钟，至酥皮完全膨起、表面金黄就完成了，趁热享用。

柔软焦糖布丁

布丁是我从小到大一直很喜欢的甜点，柔嫩的口感，鸡蛋和焦糖的单纯香甜，在冰箱里冰得透透的，舀一汤匙送入嘴里化开，多愉悦。

我的布丁材料很简单，只使用鲜奶不使用鲜奶油，新鲜优质的鸡蛋和香草荚则是美味的关键。我也没有布丁模型，而是直接使用耐热的玻璃罐，这样做好的布丁，一次吃不完的，只要盖上瓶盖就可以很方便地保存在冰箱里，想吃随时有。

自己在家里做布丁超级简单，还可以吃到优质食材的真正滋味，何必去吃市售那些根本没有鸡蛋的假布丁呢？

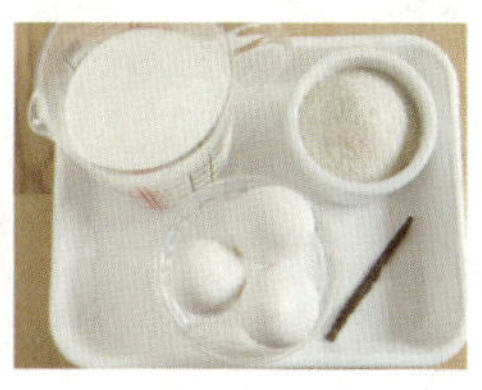

布丁液

新鲜鸡蛋　3 个
（事先取出冰箱回温）
糖　60 克
全脂牛奶　400 毫升
（事先取出冰箱回温）
香草荚　1/3 根

焦糖液

糖　40 克
水　2 大匙
热水　1 大匙
盐　2 指捏的 1 小撮

★保存：冰箱冷藏 5 日

做法

1. 先煮焦糖。在小锅里放入糖和水，以小火煮至糖化开沸腾，由小泡泡变大泡泡，颜色由浅变深，即可熄火，缓缓沿着锅壁加入 1 大匙热水，转转锅让焦糖液均匀混合，趁热倒入布丁容器里，放冰箱里静置，备用。
   ★注意，焦糖很烫，操作时请小心；煮好的焦糖要趁热倒入容器里，放冷了焦糖会凝结变稠，就难以倒出来了。

2. 取一个方便搅拌的大碗，将鸡蛋打在碗里，先把蛋液均匀打散，再放入糖，一边搅拌蛋液一边慢慢把牛奶倒入，把香草荚对半剖开，刮出香草籽加入布丁液里，轻轻搅拌至糖化开。
   ★牛奶如果一口气全倒入蛋液里，有可能造成蛋液分离难以混合的状况，请一边轻轻搅拌一边慢慢加入。

3. 在蒸锅中加水开始加热。同时，从冰箱取出布丁容器，将布丁液过筛慢慢倒入容器里，以铝箔纸包住容器口。待蒸锅的水煮沸冒出蒸汽，转小火，将布丁放入蒸锅，盖上锅盖，计时蒸 15 分钟，熄火后再闷 10 分钟。取出布丁掀开铝箔纸，轻轻摇晃布丁容器，布丁表面凝固、没有波纹即是熟透，放凉后送进冰箱冷藏，彻底冰透之后享用。
   ★以铝箔纸包住容器口，是为了预防万一蒸汽太强或蒸汽水珠滴落，会使布丁表面出现孔洞，如果你能完全掌握火力，不包也无妨。

鸡蛋奶油小圆饼

我很喜欢法式的鸡蛋奶油酥饼，可是传统配方里会使用大量的蛋黄和奶油，实在让人望而却步。

我试着修改传统配方，把蛋黄和奶油的分量都减少。这款鸡蛋奶油饼干，口感酥松香甜，而且不需要使用特殊道具或饼干模型，也没有难寻的食材，只要把所需材料称量好，搅拌均匀就可以烤出一炉小圆饼，超级简单。

越是单纯基本的食物，新鲜质佳的食材就越显重要，请务必使用优质的天然奶油而非人工精制的人造奶油，鸡蛋和面粉也应使用新鲜的，好食材会变成美味的饼干来回报你。

材料

无盐奶油　140 克
砂糖　70 克
盐　1/4 小匙
蛋黄　1 个
朗姆酒　1 小匙
（或其他喜欢的香甜酒，如果没有亦可省略）
低筋面粉　220 克
蛋液　少许

★　少许蛋液是用来涂抹在饼干表面，以增香并让烤色漂亮。使用不完的蛋液，可以和剩下的蛋白一起拿来炒蛋或煮汤用掉。如果不在意饼干烤色较白，不涂蛋液亦无妨。

★　拌好的饼干面团如果不想一次全部烤完，可用保鲜膜包好置于冷冻库，能存放 1 个月，要烤之前拿出来回温至可以切的程度。

★　保存：饼干完全放凉后，装进密封罐或密封袋里，常温可放 2 周，冰箱冷藏 3 周。冷藏后有可能稍微变软，食用前再用烤箱略烤一会儿，就会恢复酥松。

9.25

做法

1. 事先将奶油从冰箱中取出，回温至奶油变得有点软，以手指轻压会略微凹陷的程度；依气温高低不同，需要 20~30 分钟。取一个方便搅拌的大盆或大碗，先放入奶油，以叉子或打蛋器将奶油压碎打散，搅打至奶油无结块；放入砂糖和盐，搅拌均匀，至呈现滑顺的乳霜状；最后加入蛋黄和朗姆酒，再次搅拌均匀。

   ★ 刚开始奶油可能会有点不容易打散，若经过一番搅打还是略有小结块，无妨，放入砂糖搅拌之后，奶油会渐渐变得柔软，就可以顺利搅拌成滑顺的乳霜状。搅拌面团有其顺序，按部就班，食材才能完美融合。小分量制作时，我觉得叉子比打蛋器容易使用。如果家里没有打蛋器，用吃饭的大叉子试试看！

2. 将面粉过筛再加入步骤 1 中的奶油糊中，以边切边按压的方式混合均匀，集中成一个面团。

   ★ 混合面团时手势要轻柔，不要用力过度搅拌，以免面粉生出筋性，影响饼干口感。

3. 将面团均分为两等份，分别捏紧实并滚圆成两条直径约 4 厘米的圆柱状，以保鲜膜分别包好，放入冷冻库 20 分钟。

   ★ 冷冻过的面团比较容易切，不会散开。用这个将面团先冷冻再切分的方法烤出来的饼干不会出一堆油而导致饼干口感干硬。在滚圆面团时，动作要快些，双手接触面团过久，奶油化开就会变得粘手，若无法滚得很圆亦无妨，大致呈现圆柱状即可。

4. 将烤箱预热到 180℃（若烤箱有旋风功能，请打开）。在烤盘中铺好烘焙纸，备用。取出面团打开保鲜膜，平均轮切成每片约 1 厘米厚的圆饼，平铺在烤盘上，保留小空隙不要互相粘黏，在饼干表面薄薄地涂抹一层蛋液，送入预热好的烤箱里，以 180℃烘烤 15 分钟，至饼干表面金黄上色，以手指轻压饼干表面，应该是有点硬的，或是即使有些微软但不会凹陷的程度，即可熄火出炉，静置完全放凉后享用。

黑糖芝麻蒸糕

这是款简易单纯的点心，只要拿几种家里有的材料搅一搅，也不必用什么特殊模型，随便找个耐热的碗盘钵盅来做都可以，蒸制的时间也很短，很快就能有筋道的黑糖芝麻蒸糕可以享用。

滋味朴素的黑糖芝麻蒸糕，刚蒸好时热乎乎的，口感筋道，放凉了水气散失些，就变得松软，不论是热吃还是凉吃，都很好吃。

材料

黑糖　50 克

牛奶　100 毫升

低筋面粉　100 克

无铝泡打粉 baking powder　1 小匙

盐　2 指捏的 1 小撮

黑芝麻　1/2 小匙

★ 无铝泡打粉除了可在烘焙材料行购得，大型超市或有机商店亦有售，由于用量很少，购买小包装产品即可。

★ 保存: 小分量制作，当日吃完最好。如果实在吃不完，装进密封盒或密封袋里，冰箱冷藏 3 日。

做法

1. 将黑糖与牛奶混合搅拌，至黑糖完全化开。

   ★使用粉状黑糖来制作会比较方便，如果家里的黑糖是粗粒或块状的，可能需要较长时间才能化开，可以把牛奶稍微加温，帮助黑糖快点化开。

2. 取一个方便搅拌的大碗或调理盆，将面粉、泡打粉和盐一起过筛，再倒入步骤 1 中的黑糖牛奶，混合均匀成面糊。

   ★ 混合时手势轻柔，不要用力过度搅拌，混合均匀即可。

3. 在蒸锅或电锅里放适量水，开火煮沸。趁煮水的时间，在耐热烤盅或容器里铺好烘焙纸，倒入步骤 2 中的面糊，在表面撒上黑芝麻。待蒸锅水沸腾冒出水蒸气，再将面糊放入，盖上锅盖，以大火蒸 10 ~ 15 分钟。时间到开盖，以竹扦或筷子插入蒸糕里，拔出来没有粘黏面糊，说明已蒸透，取出蒸糕，熄火完成。

   ★ 烘焙纸如果不容易固定在容器里，可以在容器里抹一点点水，再放上烘焙纸，烘焙纸就不会乱跑或歪掉了。因我使用的是竹蒸笼，所以不会有蒸汽水珠滴落的问题，如果家里使用的是电锅或一般蒸锅，可以用干净的布巾把锅盖包住，防止水珠滴落在蒸糕上，影响成品卖相。

完熟香蕉蛋糕

我不是特别喜欢吃香蕉，但是却很喜欢香蕉做成的甜点。

最适合做这款蛋糕的香蕉，要有刚好完美的熟度，也就是香蕉要熟到外皮出现几个黑色小斑点，但不能有整片变黑的程度。

刚好完熟的香蕉，不论是香气或甜度都会很棒，拿来烤成蛋糕，不管热吃冷吃都美味！

材料（约 11 厘米 x17 厘米的模型一个，我使用的是无印良品的珐琅保鲜盒）

无盐奶油　60 克
糖　60 克
盐　2 指捏的 1 小撮
鸡蛋　1 个
全脂牛奶　1 大匙
低筋面粉　100 克
无铝泡打粉 baking powder　1 小匙
中小型的完熟香蕉　2 根（合计约 200 克）
柠檬汁　少许

★ 保存：如果一次吃不完，冰箱冷藏可保存 1 周，食用前再略烤热即可。

Baking Powder

做法

1. 事先将奶油从冰箱内取出，置于室温下回温至奶油变得有点柔软、以手指轻压会略凹陷的程度。在模型容器里沾抹一点点水，把烘焙纸铺好固定在容器里，多余的部分剪掉不要。鸡蛋打散成蛋液。烤箱预热至 170℃。
   ★ 如果觉得把烘焙纸铺在容器里很难操作，可以参考烘焙纸外包装上的操作说明。

2. 取一个方便搅拌的大盆或大碗，先放入奶油，以叉子或打蛋器将奶油压碎打散，搅打至奶油无结块；放入砂糖和盐，搅拌均匀，呈现滑顺的乳霜状；再加入蛋液、牛奶和 1 根香蕉，一边把香蕉压碎成泥状，一边搅拌均匀。

3. 将面粉和泡打粉一起过筛后加入步骤 2 中的盆中，用刮刀或叉子，从盆底由下往上轻柔地将面糊混合均匀，注意不要用力过度搅拌。

4. 把面糊倒入模型容器里，拿起容器轻轻平行摇晃，让面糊均匀铺平，把另一根香蕉轮切成薄片，排放在面糊表面，就可以送入烤箱，以 170℃烤 25~30 分钟，用竹扦或细筷子插入蛋糕，拔出来没有粘黏面糊就说明已烤熟了，可以将蛋糕出炉，稍微放凉至不烫手时，将蛋糕取出模型。

酥脆法棍面包饼

面包店里售卖的一包包的面包脆饼，烤得香香酥酥实在好美味！

不过，这玩意儿要是自己做，其实简单得要命，只要在切片的面包上涂抹奶油，撒上砂糖，烤一烤就好了，它是一款我家常备的甜点心。不管是午后拿来配咖啡，还是当作解嘴馋的小饼干，面包脆饼都能胜任，也可以把面包饼剥小块，加到早餐的牛奶或酸奶里吃，也很好吃呢！

材料

法国棍子面包 baguette 1/2 根（可做 20~25 片）

无盐奶油　40 克

砂糖　4 大匙

★ 保存：放凉后，装进密封罐或密封袋里，常温可放 4 日，冰箱冷藏 1 周。冷藏后有可能酥脆度会较差，食用前再用烤箱略烤一会儿，就会恢复酥脆。

做法

1. 将奶油从冰箱取出，室温下回温至有点柔软，方便涂抹的程度。法国棍子面包轮切成每片约 0.8 厘米的薄片。将烤箱预热到 160℃。

2. 以刀或汤匙，将奶油涂抹在步骤 1 中的面包片上，平铺置于烤盘中，不要重叠。全部涂好奶油之后，再均匀撒上砂糖，放入预热好的烤箱，以 160℃烤 10~15 分钟（若烤箱有旋风功能，请打开），烤至面包饼金黄酥脆，取出烤盘放凉后，就可以享用了。

奶酪棉花糖香烤地瓜

地瓜实在太好吃了，口感松沙软绵，尤其是烤来吃，香香热热甜甜，真令人爱不释口哪！

我常在早餐吃烤地瓜，某天我随意地把剩下的一点点奶油和奶酪放在地瓜上一起烤，没想到竟然烤出了新口味的地瓜。咸香的奶油和奶酪，融化在甜甜的地瓜里，滋味绝妙，令人一口接一口地吃，根本停不下来。后来我又想起了烤棉花糖，也放在地瓜上一起烤，口感也特别好，烤过的棉花糖添了焦香，地瓜当场变甜点。

适合做这道甜点的地瓜，最好选择黄肉的，不要太大条。中等或小型的黄肉地瓜比较容易烤透，水分也不会太多，烤起来特别松软。或者利用 p.125 的一锅蒸地瓜的方式，以蒸熟的地瓜来变化成这道香烤地瓜，可以缩短烤制时间，更快速成菜。

材料

中型黄肉地瓜　1 条（400~500 克）

奶油　20 克

布里奶酪 Brie Cheese　喜欢的分量

棉花糖　喜欢的份量

★ 除了 Brie Cheese，亦可使用任何一种自己喜欢的奶酪，或是披萨用的奶酪丝也可以。

做法

1. 地瓜冲洗干净，擦干，对半切开，用叉子在切面上叉一些洞，或者用小刀画几道刻痕。将烤箱预热到 170℃。

   ★ 在地瓜上叉洞或划刀痕，是为了帮助奶油和奶酪入味到地瓜里。

2. 以铝箔纸将地瓜底部包裹住，放置在烤盘中，在地瓜表面放上奶油和奶酪，送入烤箱，以 170℃烘烤 30~40 分钟。

   ★ 铝箔纸可以帮助地瓜站好不会歪倒，也可防止奶酪和棉花糖烘烤后流出而粘住烤盘。

3. 以竹扦或筷子叉一下地瓜，如果可以轻易刺穿，就说明已烤熟，这时再放上棉花糖，送回烤箱再烤 2~3 分钟，把棉花糖烤到略有焦色且膨起，就完成了，趁热享用。

厨房小事

PART 3

about kitchen_ 01

我家的小厨房

我的小厨房，是非常小的“一”字形传统厨房。

面积大概只有一平米多，三个大步就能走完，一个宛如驾驶舱般封闭的迷你空间。

但我第一次见到这个小厨房，就很喜欢这个由米色与白色构成的小空间，除了基本的炉具、水槽和料理台，没有其他的装潢，简简单单、干干净净，还未入住，我就已经开始对接下来的厨房时光有了美好想象。

就因为厨房是如此迷你，我一开始就决定，除了做菜必要相关的设备、道具与食器之外，绝不堆放与厨房工事不相关的杂物，也不摆放只有装饰功能的装饰品或杂货，我的厨房里甚至连垃圾桶都不放，我期望打造的，是一个可以畅快做菜并且容易清洁的小空间。

是啊，我家小厨房的主要特点，就是“容易保持清洁”！

工作台面保持干净，墙壁上不吊挂任何道具或装饰品，地板上也不堆放杂物。于是在打扫的时候，手持抹布就可以毫无阻碍一路擦过去，没有因为被遮挡而擦不到的地方，清洁无死角，脏污油垢便不会累积，打扫轻松不费力，这是我对厨房能一直保持热情的秘方之一。

因为厨房空间很小，我特别需要维持工作区域的卫生，尤其是料理台。

料理台扣除水槽和煤气灶所占的空间，其实只有很小一块空间能让我进行调理备料的工作，因此我让这块区域完全空出，就算是调味料和锅铲等道具我也不放在这里，就是希望能有较为宽裕的空间好好地切菜备料。这个习惯是我在料理训练课程的实习厨房里学来的，当时每一位老师全都有保持调理区域无杂物状态的习惯。一开始我觉得很奇怪，为什么不把调味料等道具都放到调理区里呢？后来才明白，这是厨师为了维持工作的专注和流程的顺畅所必要的条件，久而久之，我也养成了这样的习惯。

14:05
HOSUN

而糖、盐、胡椒等常用调味料和常用道具，则集中收纳在转身可及的层架上方，若有需要，一样可以很方便取用，或者也可以视需要端到工作台来使用。这也是小厨房的好处，一转身或一跨步，就能拿到所需的东西。

另外，我特别在厨房置物层架的上方，保留一块空白的区域，用来当作临时的置物区，放置做好的菜肴，或放置洗切腌好的半成品。即使厨房空间很小，我还是不希望整个空间塞满物品，尽量保留一些空白的小区块，可以弹性运用，不显拥挤。

水槽和水槽周边也如此处理。我的水槽也是较小尺寸的，因此我不在水槽里放置菜瓜布或厨余桶等物品，随时保持水槽净空，不论是要清洗食材或碗盘，都没有阻碍。

在水槽上方用吸盘挂上一个不锈钢架，在这里放置洗碗刷、小苏打粉和家事皂，这些就是我洗碗和基本清洁的常用道具。

各类物品按照使用动线和拿取顺手的原则，分类整齐摆放，天天要用到的东西摆出来，不是天天用的东西收进柜子里，如此就不会有杂乱感，可以很轻易并快速找到需要的东西。

渐渐地，在这个家里的新生活，就从日日的厨房炊烟里开始累积。我每天在这个迷你厨房里烧开水、冲咖啡、煮饭做菜、做便当、研究我收集的各式食谱、揉面团制面包。我老公则喜欢在小厨房里泡茶，调制他自己发明的独家饮料，如果我做了什么香气满溢的菜，他还会探头在厨房门口偷看。

我那小小的、便利的、疗愈的日日饮食和生活，都是由我心爱的小厨房开始的。

about kitchen_ 02

没有洗碗精的生活

我家的小厨房里，没有洗碗精，也没有市售的厨房清洁剂。

很多人对此感到好奇，怀疑没有洗碗精怎么洗碗呢？没有厨房清洁剂如何能维持干净的厨房？

其实，以上根本都不是问题，这次要和大家分享，我家的自然派清洁法。

首先要有一个概念，使用天然素材的清洁法，去污力的确是不如化学清洁剂那么强，但即便如此，应付日常的一般脏污绰绰有余。很多时候我们因被广告洗脑而忽略的是，我们的家并没有真的脏到需要那么强的清洁剂，大多数的场合，一条抹布和热水就够了。

热水、小苏打粉和白醋，是我家的清洁三尖兵。

第一位尖兵，是水龙头打开就有的热水，也是我认为最有效、最好用也最经济的清洁法。

我用热水来洗碗，把待洗的脏碗盘放在水槽里，打开水龙头，大约是跟洗澡时一样温度的热水即可（冬天的话可以再稍微热一些，以你的手能承受的热度为准），然后就直接用热水来把碗盘刷洗干净。

洗碗的顺序是先洗无油或较不脏的水杯小碟类，再洗有油的碗盘筷匙，最后洗重油的锅。这个顺序可以让洗碗工作事半功倍，如果没有分类随便乱洗，就会互相污染，原本不油的都变油了，增加麻烦。

热水的去油力超乎想象。以我家来说，九成九以上的碗盘都可以只用热水就洗得很干净，若有特别重油污的锅，则先在锅里撒一点小苏打粉，或者是抹一点家事皂，刷一刷，再用热水冲洗，就可以洗得很干净了。

自从使用热水来洗碗，我家就再也没有买过洗碗精。不用洗碗精而直接用热水来洗，好处是省水省力兼省时。如果使用洗碗精，就必须先以洗碗精刷洗一次，再冲水一次，等于一个碗要洗两次，可是用热水直接洗，只要洗一次就干净了啊，更不用担心洗碗精引起皮肤过敏或是冲不干净残留在餐具上。相较之下，热水是洗碗的好帮手。

我打扫厨房也用热水。每晚厨房使用完毕后，把抹布用热水打湿再拧干，不论是擦料理台、擦炉台、擦墙壁，还是擦抽油烟机，都能完美胜任，而且用热水擦过的地方很容易干，不会一直湿湿的。“干净”的前提是干燥，干燥的地方就不会产生异味或发霉，维持干燥是厨房里很重要的工作。

如果有比较严重的脏污，像是抽油烟机的集油盒，或是锅具上的焦痕，则要请出第二位尖兵——小苏打粉。

小苏打粉在大卖场、烘焙材料行或药房都很容易购得。小苏打粉对身体和环境都无害，但却有很良好的去污力和除臭力，在打扫时可以帮上大忙。只要在重度油污的地方撒点小苏打粉静置一会儿，再用刷子沾少许水来刷洗一下，就可以洗得很干净，比起市售的厨房清洁剂，小苏打非常好冲洗也不伤手，更没有刺鼻的化学气味。

小苏打对于烧焦的锅，或白色珐琅锅的吃色问题也有神效。只要在锅里投入两大匙小苏打粉，加水煮沸 10 分钟，熄火后静置到不烫手但仍有

余温的程度，就可以用刷子或抹布，轻松地把焦痕或吃色的部分擦干净，恢复锅具原来白净的颜色。不锈钢锅和涂有珐琅的铸铁锅都适用这个方法，唯有铝锅不行。

至于白醋，则是厨房消毒的小尖兵。白醋中所含的醋酸，有很强的杀菌作用，但比起市售的消毒剂或药用酒精，白醋用在厨房中又更加令人安心，即使接触到食物也不必担心。

打扫用的白醋，请购买货架上最便宜的那一款即可，我习惯用一比二的比例来调制清洁消毒用的白醋水。在喷瓶中加入一份白醋和两倍的水，盖好瓶盖摇晃均匀，就可以使用了。如果家里有挤完汁的柠檬皮，也可以切成小块后投入瓶中，这样醋的味道就会淡些。

白醋水的用途广泛。我每天洗好砧板和菜刀后，一定会喷上白醋水后静置 1 分钟左右，再擦干置于通风处，我的两块竹砧板从来不曾发霉也没有臭味。擦拭冰箱内外也使用白醋水，处理过生肉生鱼的料理台和水槽，在清洗后我也会喷上白醋水再擦拭一次，感觉细菌都被杀光，好安心呐！

使用对环境友善的清洁方式，除了保护自己和家人免受毒害，更能减少家庭污水对河川和海洋的影响，河川和海洋干净了，我们才能安心享用美味的海鲜。

要不要也试试看没有洗碗精的生活？

about kitchen_ 03

我的厨房清理术

厨房是料理食物的地方，而食物关系着健康，因此厨房的清洁格外重要。

整理得干干净净，没有一丝油垢黏腻的厨房，充满了疗愈力，让人很想进去做菜，在里面做起菜来又特别愉悦，这样的一个厨房，会成为一个为你招唤幸福的美妙小天地。

厨房，是一个家里功能性最复杂的空间。

在这个小小空间里，同时存在着干与湿、水与火、生与熟、加热与冷却、食物与用具，以及各式各样的气味。杂志照片里美轮美奂的明亮厨房是何等梦幻，但只要你使用厨房，就会知道梦幻的表面下其实存在着一个现实，那就是厨房是一个需要日日清扫的地方，那些料理过程中产生的水滴或喷溅的油渍，使用过的调理道具、碗盘、炉台、抽油烟机和地板，通通都需要打扫。

必须要先有此现实认知，并且不要去排斥这个现实，然后你才能心平气和地处理这些现实状况。不过，无需为此感到绝望，因为要维持一个没有黏腻油污的厨房并不困难，只要掌握一些小方法，并且在实际操练中找出最适合你的生活节奏的方式，创造出一个顺手好用、干净明亮的厨房，一点也不困难呐！

维持容易打扫的环境

这是我的厨房清理术里最重要的一点。如果一个厨房里有很多杂物堆放，有很多被挡住清不到的死角，有日积月累的陈年顽垢，那就会加重打扫的难度和疲累度，你就会越发不想打扫，因为想想就觉得累。因此，要创造一个容易打扫的环境，才能轻松无痛苦地打扫。至于要如何做才能维持一个容易打扫的厨房呢？我的方法有二，一是“不堆积杂物”，二是“不置之不理”。

“不堆积杂物”。瓶瓶罐罐调味料和各种道具通通摆在料理台上的确可以方便取用，但不需要全部摆出来，只要保留绝对必要的品种即可。过多的杂物、根本坏掉或多年也没用过的东西，尤其是没有实际功能的装饰品，只会增加打扫的困难度，适度的断舍离，可以为你带来更宽敞的厨房空间。当你觉得厨房很难打扫的时候，不妨想一下，是不是东西实在太多了？

“不置之不理”。油脂、油烟、灰尘、细菌与水结合起来，累积个几天就会渐渐变成不易去除的顽垢。刚形成的脏污很容易清除，只要抹布打点热水一擦就干净，但等到脏污变成顽垢，胶黏粘附在厨房里，就要花费更多时间和力气去处理。因此，脏了就擦，不让污垢累积成顽垢，是打扫的基本。

来过我家的朋友，几乎都对我的抽油烟机上没有油垢、用手摸也没有黏腻感感到很惊奇。他们问我，多久擦一次抽油烟机，我的答案是每天。

我几乎每天都做饭，在结束一日的厨房工作后，花个十秒钟，用热水拧干的抹布，擦擦抽油烟机。就这样，我家从来不做年底大扫除这件事，而是平时就把握“不置之不理”的原则，脏了就擦。

是的，脏了就擦。只要使用过厨房，就一天至少擦一次料理台、炉台和抽油烟机。餐具柜、壁柜、置物架、冰箱等没有天天打扫之处，则排入例行的打扫工作表中定期清理，例如，周一打扫餐具柜，周二整理置物架，周末买菜前擦一下冰箱。打扫的家事如果硬要一次全部做完，那真的会累死人，不如分散分批来做，每天花个 10~15 分钟打扫就可以了。

做菜的同时也是清洁的时候，养成一边做菜一边收拾的习惯

我在参加料理训练课程的时候，看见我的大厨老师们，都是在做菜的过程中，插空收拾整理，做完几道菜，工作台也差不多收拾干净了，一改我以为厨师做菜一定会把厨房搞得很混乱的印象。我的老师们在清洗完食材后会顺便收拾水槽里的果皮、菜梗，擦干水槽周围。食材预处理完毕后，会先清洗砧板、刀子，并擦干收放于固定的位置，顺便再把工作台抹干净。在炒菜或炖煮的空档，老师也会清理锅边喷溅的油滴或滴落的酱料。一道菜做完后不再使用的锅具，也会立刻清洗擦干。而且当时老师也要我们都养成这样的习惯，因为厨房混乱就容易出错；再说，等你做完菜吃完饭，你一心可能只想坐下来休息，这时要叫你再去清理堆积如山的道具和脏碗盘，是违反人性的，若你心里产生排斥感和厌恶感，也就是人们常说的“光想就觉得累”，清理厨房这件事就会变成心不甘情不愿的痛苦事情，让人想逃避。因此，养成一边做菜一边收拾的习惯，是帮助自己维持干净厨房的重要方法。

一开始如果你还不习惯这样的方式，担心自己做不来，请不用心急，可以一样样慢慢来。以下是几个可以让你事半功倍的清理好时机，可以试着做做看：

· 烧开水或炖汤的时候，顺便擦擦炉台和墙壁。

· 煎完肉或鱼、炒完菜时，顺手擦一下喷溅出来的水滴、油渍和调味料，或是掉在地上的碎屑。

· 炖煮或烘烤的空档，浸泡或清洗刚才使用过的工具道具，收拾削切下来的果皮碎屑。

· 烤箱使用完毕，趁还有一点余热的时候，擦拭喷溅在烤箱内外的油脂、汤汁或碎屑。

在日常生活里，难免会有实在累得不得了、很不想打扫的时候。这时只要选择一个最重点之处来打扫，也就是只要这个地方干净了，整个厨房就会显得明亮的地方。每个人重视的地方可能不一样，我最重视的是水槽和水龙头。

把水槽的每个角落都用刷子和家事皂刷洗干净，滤水篮也要记得清掉菜渣再刷洗干净，再把水龙头和水槽周边喷溅的水滴也擦干。对我而言，只要水槽和水龙头干净发亮，厨房看起来就会神采奕奕。天天清理水槽和排水孔，就不易引来蟑螂和发霉异味。有个干净的水槽，洗菜或洗碗才能利落愉快。

想要有一个能疗愈自己的厨房，维持厨房的干净整洁是必要的手段。厨房不只是用来煮菜的地方，于我而言，我的小厨房也是我的小天地，我也在这里煮咖啡烤面包做甜点，更是朋友来访时聊天娱乐的场所，对我的家人来说，则是一个家的香气和温暖来源。这么重要的厨房，怎么能不费心维持她的整洁与可爱呢?

一日将结束之时，将厨房打扫干净，恢复她原本的模样，在新的一日到来时，才能再度迎接美好厨房生活的开始，这就是保持愉悦生活的秘诀。

about kitchen_ 04

私家冰箱与橱柜收纳术

我不是收纳控，也并不要求家里必须随时整齐有致、一尘不染，但我认为合理的收纳是维持便利与愉快生活的基本元素。

收纳是一项工作，它必须符合使用者需要，不合理或一味模仿的收纳，或是为了收纳而收纳，只会造成生活的不便，更难以长久维持，不久之后又会恢复杂乱，白忙一场。

我家的收纳术基本原则是，所有物品先分门别类，依照物品的性质和使用者的生活动线，以方便取用、方便归位为中心目标。

以厨房来讲，我希望能有宽敞无阻碍的空间可以尽情做菜，讨厌洗菜、切菜或炒菜时被东西卡到碰到，不能自在爽快地做菜让人感觉绑手绑脚。因此，在我的迷你厨房里，料理需要的工作台面必须保持空出，不要摆放任何东西。在收纳的过程中，我一定会审视空间，必须要留有空白之处，也就是留白，完全塞满物品的空间让人视觉不清爽，很容易有压迫感或感到紧张，厨房里的留白空间十分必要，你总是会需要能摆放备用食材或做好的菜肴的干净区域，留白的这小小空间就是厨房里的缓冲区。

我收纳和摆放物品的准则是，每天都要用到的东西摆在伸手可及之处，不是天天要用的东西则收纳在橱柜里。

每天使用的道具收纳

每天都要使用的茶壶、滤水壶、咖啡和手冲咖啡的道具，基本的糖、盐、胡椒等调味料，以及常用的调理道具，摆放在开放式层柜上最方便取用的位置，伸出手即可够到。很常用且颇有重量的铸铁锅，也要摆放在层架上，取用时不用开柜子门，省点力。

做面包和烘焙常用的各类面粉、意大利面、香菇等干货，大瓶的醋和酒等调味料，料理不可缺的大蒜、洋葱，这些常用的物品，也都是安置在开放置物架上，同类型的东西摆在一起，就不会显得杂乱。

收纳大蒜和洋葱的竹编篮，是我在婆家仓库里寻到的宝，古朴的模样我一见就喜欢，立马央求婆婆送给我。

料理台、橱柜与吊柜的收纳

我的料理台下方有两个橱柜和一个三层抽屉，上方则有一个吊柜，几乎收纳了全部的厨房用品，来参观吧！

首先是水槽下的橱柜空间，由于这里有排水管通过，比较容易有湿气，所以我只在这里收纳些清洁用品、不常用的道具，还有备用玻璃罐类的东西。这个区域我会特别注意不要堆满物品，保留空间让空气流通，每晚收拾完厨房后也会把柜门打开通风。

用一个藤篮来收纳些零零碎碎又不常用的小道具，另一个则安置了清洁用的小苏打、海绵、家事皂还有备用的锅刷。

打扫用的布和擦手用的布巾分别收纳在盒子里，拿来包厨余用的广告纸也放在一旁，它们常常是同时会被取出使用的，就收在一块儿，集中动线。我很讨厌塑胶袋，这真是世界上最丑的物品了，但即使我已经很少使用，买菜的时候难免总是会带回塑胶袋，只好拿来当垃圾袋用，因为太丑了所以要装在容器里，才能不碍眼，我利用的是已不再使用的无印良品不锈钢茶叶罐。

用两层的收纳架来保管备用的玻璃瓶罐、不常用的烘焙模型和小道具。柜门内附有挂钩，吊挂些调理道具。

煤气灶下的橱柜，则收纳了碗盘餐具还有锅具。其实，在这里收纳餐具、锅具真是挺困难的，空间已经很小了，居然还有煤气管线从中穿过，不过租来的房子硬体无法改变，我还是尽量把心爱的碗盘锅具安顿好。

两层可以向外拉的抽屉式橱柜，下层收纳了我心爱的锅，还有吃早餐时用的大盘子。为了确保每个东西都能方便取出，我保留部分空间，并没有全部放满，这亦是我收纳时注意的重点，保留适当空间，取用物品和归位时才不会互相碰撞或卡住。

三层抽屉柜里，最上方收纳了天天要用的筷子、汤匙、叉子等餐具，按照种类、大小、长短、材质分别排放好，就不会杂乱。第二层抽屉收纳了也是天天要用的调理盘盆和漏勺等道具。最下层则是各式香料和调味料的家。

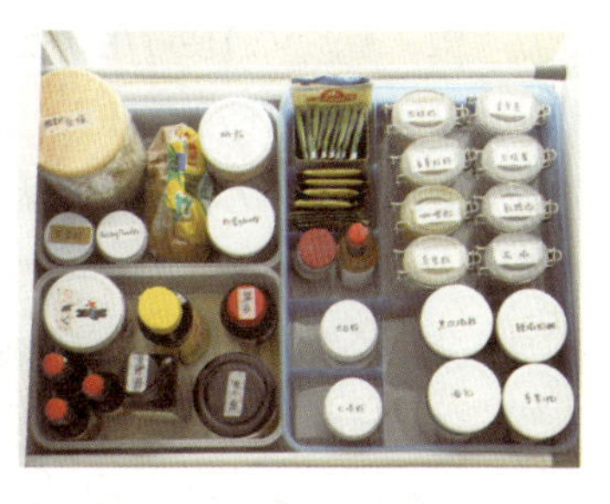

吊柜里我并不收纳太多东西，因为位置高，上层的东西我得略踮起脚尖才能拿取。这里我只收纳了保鲜盒、密封袋、烘焙纸和铝箔纸。常常需要书写标签或注记食物的制作日期，我在吊柜门内贴了个挂钩，把油性笔和纸胶带挂在这里，和保存容器放在一起，方便使用。

冰箱的收纳

我的冰箱收纳法则是“化零为整”与“一目了然”。

零零散散、一包一包的东西，全部以保鲜盒来整顿，统一收纳在盒子里，整齐又方便取用，是为“化零为整”。软绵绵的东西、会东倒西歪的东西、奇形怪状的东西，装在提篮里让它们全体立正站好，节省空间更方便拿取，是为“一目了然”。

冷冻库里除了海鲜和肉类食材，还保管收纳了料理常要用的小鱼干、虾皮、樱花虾和辣椒，茶叶和保冷剂也放在这里。如果没有好好分类，一包包的东西塞在里面，需要的时候得东翻西找，时间久了又很容易忘记，而在冷冻库深处变成化石，因此化零为整、一目了然的收纳实在有必要呐！

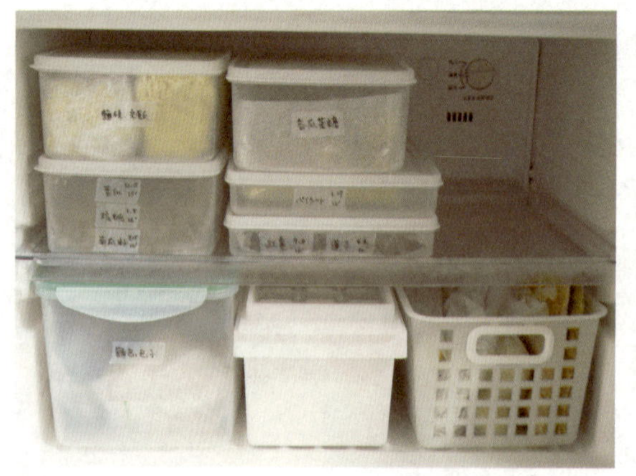

冰箱的整理收纳，我从一开始完全不懂，做中错错中学，试行错误了好一段时间，才终于找到合适我家小冰箱和我的习惯的收纳方法。虽然我想大部分家庭应该不会使用像我家这样的小容量冰箱，但还是想分享我的小心得。

冰箱门主要拿来收纳各式调味料、酱料和开封的罐头，大小高低刚好，这个位置取用也最方便。这对我很重要，因为我天天煮饭，冰箱门上放的是几乎天天都要用到的东西，必须一目了然、好取用才行，这时分门别类来收纳就是重点。例如，油脂类的便收纳在一起，几款不同的酱油和酱油膏也摆在一起。

各种各样的调味料和罐头、容器长得形状各异、大小不一，包装颜色各异，这些瓶瓶罐罐全部挤在一起，看起来非常杂乱，再加上酱油之类的大瓶调味料，往往瓶子太高或瓶口太大，很不方便倒，倒完后酱油还会从瓶口顺着瓶身滴下来弄脏料理台或冰箱，这真叫我崩溃。于是，我去购买了分装调味料的玻璃保存瓶罐，统一了外观，比原本的瓶子更好取用，而且我选择有密封功能的保存瓶，更能好好保存调味料的香气，冰箱变得整洁，我的心情才能平静。

我家的小冰箱冷藏库里，没有抽屉。其实，冰箱里原本是附有两个抽屉，上层是小小的冰温室抽屉，最下层则有蔬果专用抽屉，但这两个抽屉都难用到极点，空间很小且很难整齐摆放，蔬果摆在里面总是东倒西歪，挤到前胸贴后背，拿个东西还要翻来翻去，且抽屉有死角很难清洁，力道没有控制好还会整个抽屉飞出轨道掉出来，令我很不喜欢，有一天我终于受不了了，把那些个讨厌的抽屉拿了出来。没有了抽屉，空间变宽敞了，冰箱里的光线也变明亮了，不再有死角，更加一目了然，好收纳。

拿掉了蔬果专用抽屉，我改用珐琅保鲜盒和篮子来收纳蔬果。保鲜盒整齐又干净，重点是可以一盒一盒堆叠站好，再也不会一包包东倒西歪，取用时特别便利。进不了保鲜盒的形状特殊蔬果们，就分装好收在篮子里。

另外，我也不喜欢鸡蛋在冰箱门上摇摇晃晃，使用收纳盒来装，改放在冰箱里温度较低的下层。

冰箱上层是最方便拿取的地方，于是在这里安置的是常备小菜、剩菜或剩余的小分量食材、奶油和奶酪。第二层放的则是相较之下使用频率没那么高的酱料和食材，例如果干、五谷杂粮和萝卜干类。

冰箱中食材的分量，最好不要超过冰箱容量的七成，塞得满满的冰箱，会因为冷气无法顺利循环而降低冰箱的保鲜能力。因此，冰箱也跟橱柜一样，需要适度保留空白空间，并且记得定期清洁冰箱，才能让冰箱好好发挥功能。

在这里，同样要符合我“化零为整”与“一目了然”的收纳原则，哪些东西放在哪里，一定得一清二楚。杂七杂八的瓶罐食材，集合起来收纳在有柄的提篮里，标注名称不乱放，拿取也方便。保存期短要尽快食用完毕的食物，我用一个珐琅盘集中保管，放在醒目位置才不会漏忘，把食物放到过期坏掉是我最讨厌的事儿。

“当厨房的摆设按照你想要的样子摆放时，宇宙也就能正常运行。”

—— 美国旅游生活频道“波登不设限”主持人安东尼波登 Anthony Bourdian

about kitchen_ 05

爱用的厨房道具

喜欢做菜的人，大概没有不喜欢买厨房道具的。

去了百货公司的锅具餐具楼层，被那些美丽的锅和各式道具吸引到流连忘返，感觉道具们不停在呼唤我，好想把它们通通带回家好好照顾。

虽然并不是一定要有某个道具才能做出好菜，也绝不是非要有名家设计的道具才显得有品味，但一个合手顺心的工具，的确是可以让做菜过程事半功倍并赏心悦目，这些个小家伙集合起来，不也是厨房的一道小风景吗？

首先，要说的就是，我心爱的锅。开始做菜之前，我总是先打开橱柜，想一想，今天要做的菜，用哪个锅好呢？

我对各种锅具有着深深的迷恋，光是看着那些或娇美或古朴的锅，想象着适合这些锅的料理在我的厨房里展现着，双手抚触着它们，使用完毕后仔细刷洗擦干，我总是能嘴角上扬，这是锅带给我的微小幸福。

铁锅

我偏爱具有悠久历史传统的锅具，现代感的新颖锅具倒比较难引起我的兴趣。从古早纯朴的年代里就开始为人们所信赖使用的，像是铁锅，就特别让我喜爱。现在我家的锅具几乎以铁材质的为主，铁锅貌似不易保养，但其实只要稍注意火候掌控的技巧，适度热锅润油，使用后彻底晾干或烘干上油，常常使用它，铁锅就会一天天变得越来越好并回报你。

我家的平底锅就是生铁制成的，日本柳宗理的轻量化铁锅，它不是一般的圆锅形，而是在锅子两侧有片口式的斜嘴设计，除了很方便盛出和倒出食物，更可以配合锅盖在料理途中控制热度和蒸气，非常贴心。这口锅我已使用数年而且几乎天天使用，表面有很多斑驳痕迹，不再光亮如新，但我却越来越喜欢它。

对铁制锅具的喜爱，在入手了第一个 Staub 铸铁锅之后，更加一发不可收拾，几年下来，又陆续添购了其他不同品牌不同尺寸的铸铁锅，实在是用起来得心应手啊！

很多人觉得这种来自法国的传统铸铁锅 La cocotte，又贵又重看不出好用在哪里。这款看起来万年不改其样貌的老锅，能够成为经典，必定有其道理，之所以要用这么厚实沉重的铸铁来打造锅身和锅盖，是为了要充分发挥铸铁蓄热性良好的特点，将热能完全封锁在锅内，平衡而稳定地加热，除了让食物均匀熟成，更能保留食材的原汁原味。在我家，铸铁锅是万能的锅，煎煮炒炸炖蒸烤通通难不倒。又因为热能是被锁在锅内而非往外发散，在炎炎夏日里使用铸铁锅做菜，感觉上竟也不那么热，这是我多年使用下来意外发现的优点。

土锅

除铁锅外，我也非常喜欢传统的土锅。

土锅是日本人常用的称呼，在台湾我们大多称之为砂锅。砂锅是以陶土高温烧制而成，锅身有天然的气孔，可算是会呼吸的锅，因此用砂锅煮出来的米饭特别香甜，粒粒分明带着光泽。此外，砂锅也有绝佳的蓄热性，我曾在家里做过简单测试，通过砂锅和铸铁锅对比发现，好的砂锅保留热能的稳定度并不输铸铁锅。

我家目前使用的两款土锅，是日本万古烧和长谷园伊贺烧的炊饭专用土锅，使用状况都非常良好。不论是炊饭、炖汤还是炖肉，土锅总能完美胜任。我尤其喜爱土锅熬出来的粥，很快速就能熬到米粒开花，特别稠软。用好看的土锅做料理，直接摆上桌也不突兀，还有保温的作用，在寒冷冬日里，土锅能帮上大忙，不会饭吃两口菜已全凉。

土锅的盖子上有一个气孔，锅里的食物煮沸时，气孔就会喷出蒸汽来，我很喜欢看着圆润的土锅冒着蒸汽的风景，这是家的温暖气息。

线条简单的厨房道具

选择厨房道具，除了看其实用性，我还特别重视是否容易清洗，毕竟东西买来就是要用，但如果使用后很难清理或是不容易晾干，就会有卫生上的顾虑。我喜欢线条简单的道具，不要有死角沟纹或复杂花样，无谓的装饰通常只是增加清洁的难度而已。此外，我现在也会尽量避免购买塑胶材质的道具，因为塑胶制品只要沾到油就很难清洗，而且时间久了容易发出臭味，我很不喜欢。

木柄有孔锅铲和无印良品的不锈钢取泡勺是我的厨房法宝。这支木柄锅铲是我在日本东京合羽桥的小店里购买的，带着合宜的弹性与角度，不论煎或炒，都表现非常良好，要从锅里铲出菜肴也很顺手，我已使用多年，仍然光亮如新，木质把柄也完全没有发黑或黏腻，完全符合我希望道具一定要容易维持清洁的要求。无印良品的不锈钢取泡勺可在炖汤炖肉时，捞取汤面浮沫浮油，非常好用，可以轻松捞干净，却不会连同汤水一起捞出来。

砧板

砧板是令很多人头痛的道具，因为台湾气候潮湿，砧板很容易有发霉发黑的问题。在找到现在使用的这款牛头牌竹砧板之前，我用过也丢掉过无数的砧板，才终于找到这款厚实好用、好清洗又快干的竹制砧板。我家生食熟食分用的两块竹砧板，都已使用三年以上，仍然干干净净，没有发黑变色发臭，更从来没有发霉过，这都要归功于竹砧板容易干燥的特性，使用后只要清洗干净再擦干并置于通风处，就可以了！不用拿去晒太阳更不需上油保养，唯一的缺点就是颇有重量，但重也有重的好处，就是切菜时砧板会好好固定，不会滑动。

刀具

厨房里的工作少不了要削、切、剁、刨，好用顺手的菜刀和削皮刀便很重要了。具良治的厨刀是刀身连同刀柄一体成型的不锈钢制，刀身坚硬不会生锈，整把刀子完全没有可藏污纳垢之处，而且非常锋利兼省力，大大加快了我切东西的效率，感觉我自从使用这把刀之后，刀工进步了许多，切得更精准也切得更快。

不过，再利的刀用久了也是需要磨的，但我不懂磨刀，怕越磨越糟，都是每年一到两次送回专柜请师傅帮忙磨，磨完回来的刀，就跟新的一样。

以前我用的削皮刀，常常不知道为什么会削皮时削到自己的手，后来换了这把瑞士 VICTORINOX 的削皮刀，就再也没有发生过削到自己的事件了。这把削皮刀不但设计安全，而且握柄符合人体工学，削起蔬果皮快速平顺，只会削下薄薄的皮面，却不会削去过多的果肉。同品牌的番茄刀，刀锋是锯齿状，又薄又锋利，特色是切番茄等软皮的蔬果时特别好下刀，可以轻松切出薄片，也不容易让番茄汁流出来，我拿来当水果刀用，或是有时候一个人吃饭要简单切一点点食材的时候，也会用这把小刀。VICTORINOX 虽是世界知名品牌，但这两款刀子都十分平价，我认为性价比超高。

研磨钵

入手后才发现这个日式研磨钵真是超好用的东西，这是日本的传统料理道具，是去日式猪排店时桌上那个磨芝麻道具的放大版。

使用了这个研磨钵之后我才了解，大蒜、辣椒、香草、香料，用刀子切碎或用电动食物处理机打碎，跟用研磨钵手动磨碎，出来的味道都是不一样的。在研磨过程中，食材的香气会慢慢被释放出来，完全发散。这差异在做凉拌菜的时候尤其明显。从此我就爱上了研磨钵，已经很少使用我的电动食物处理机了。更棒的是，好看的研磨钵本身也可以是食器，拿来盛装料理上桌，主妇最喜欢一物多用的东西啦！

清洁刷

各种清洁用的刷子，也是我特别着迷的东西，说我是刷子控也不为过。但我只对天然素材制作的刷子有兴趣，塑胶或人造纤维的刷子质感令人不怎么愉悦。天然素材的刷子有一个好处，因使用后非常容易干，所以不易滋生细菌或发臭。我现在连洗碗都使用刷子，再也不必为臭臭的洗碗海绵而烦恼了。

在大型超市购买的木柄杯刷，刷毛柔软，可以轻松伸进瓶子或杯子里刷洗。洗碗和刷锅兼用的是德国 Redecker 的绅士圆木柄锅刷，非常好使。我已经回购好几次，拿来刷洗表皮较厚的根茎类，例如地瓜、姜、莲藕等也很合适。无印良品的棕刷，则专门用来刷洗料理台水槽和排水孔。在台北三芳毛刷行（刷子控的天堂）买的方头小刷子，我拿来专作菌菇清洁刷，新鲜菇类如果水洗会洗去香气，但如果用布巾来擦常常会把菇类擦破皮，于是我去毛刷行找了这把软毛的小刷子，可以把菇类表面脏污刷得很干净也不会破皮。

调理盘与调理盆

清洗、切理、备料等食材的预处理，总少不了需要调理盘和调理盆。我喜欢使用专用的调理道具，而不喜欢拿食器来兼着用。我在实习厨房里上料理课时，大厨老师们也是这么做，回到自家的小厨房，我也已养成此习惯。这一点点微小的专业感，让我在厨房里自我感觉特别良好，更何况使用的还是自己喜欢的道具，心情真是愉悦。

野田珐琅的白色珐琅调理盘搭配不锈钢网架，我爱用多年，被我誉为“即使流放到荒岛也要携带的道具”。纯白简洁没有一丝多余的设计，视觉上清洁感满点，珐琅耐酸耐油又耐盐，不会吸附异味又容易清洗，不用担心会溶出什么塑化剂或重金属，安心又干净。

保存容器

保管食物的各种保存容器，盒子、瓶子、罐子通通是我特别心爱的。我有很多各式各样的保存容器，都是我在试用过无数产品后严选出来最适合我们家的。

保管预先处理干净的食材、保存常备菜或剩菜，我主要使用无印良品的珐琅保鲜盒。我家的冰箱很小，而无印良品的珐琅保鲜盒完全符合我家冰箱尺寸的需要，一致性的设计，即使大大小小在冰箱里堆叠起来也很整洁，收纳在橱柜里也很容易，不会浪费空间。这系列的保鲜盒最令我

欣赏的一点是，盒盖上的胶条和排气阀等配件都可以拆下来单独清洗，清洁无死角，组装回去也很容易。许多其他品牌保鲜盒的胶条是做死的，有隙缝清洁不到，很是让我崩溃。

保存罐

开封过的罐头、自家制的腌渍保存食物，我用 BALL 公司出品的 mason jar 来保管。这款行销世界多年的玻璃罐，不但样子好看，直瘦形的瓶身也很适合我家的小冰箱，比起一般的玻璃瓶更节省空间。它的瓶盖是特殊的双层设计，可以密封、滴水不漏，但又不像一般玻璃瓶盖那样拴紧了就很难打开，这个瓶盖轻轻一转即开，甚得手无缚鸡之力的主妇心。

意大利 Bormioli Rocco 的玻璃密封罐我爱用多年，它的模样简单经典，扣环加上硅胶垫片的密封效果绝佳，而且有各种各样的尺寸可供选择，大容量的密封罐我拿来保存面粉和干货，小容量的则用来保存各种调味料、油品和咖啡粉。

厨房里的风景，不就是由各个看似微不足道的厨房道具组合起来的吗？它们是我眼中闪闪发亮的宝石，让平凡无味、日复一日的家事也能做得神采飞扬。

about kitchen_ 06

厨房里的气味

早晨，是煎蛋和煮咖啡的香味；中午时分，飘散着苦茶油拌面线的味道；准备晚餐时，汤锅里咕噜咕噜地弥漫着炖煮的滋味。

厨房里总是存在着各种各样的气味，但除了美好的香气，偶尔会有些令人不愉快的气味产生。烧焦的味道、煎完鱼的腥味、煎炸食物后的油烟味，如何让这些不喜欢的气味消散？我有一些小妙方。

首先该理解的是，这些讨厌的气味，有些是料理过程中无法避免会制造出来的，例如煎鱼或烧焦的味道；而有些臭味却是可以预防的，我们就先来讲讲能预防某些臭味产生的方法。

保持干燥与通风

料理过程中所产生的菜屑、果皮等厨余垃圾，很容易产生臭味。厨余垃圾的大敌是水分，水分是厨余垃圾产生异味的元凶，因此要让厨余垃圾尽量保持干躁，就不易产生臭味。

我的做法是，将报纸或广告纸铺在珐琅盆上来收纳厨余垃圾，并且不要把厨余垃圾摆在水槽里或水龙头下，就能保持干燥。利用报纸或广告纸来垫着吸除水分，最后再整个包起来丢掉（如果垫纸太湿了，可以再取一两张报纸包覆），要移动去丢掉也不会滴水而弄脏地板。被报纸好好包裹起来的厨余垃圾，即使夏天也不会飘散出臭味或招来苍蝇，非常好用。

保持干燥和通风是防止异味最好的方法。因台湾气候多雨潮湿，所以在出大太阳或有风的日子，打开厨房所有橱柜的门，好好地通风一番，也可以避免霉味或闷臭味，尤其是水槽下方的橱柜，可以在晚上结束厨房工作后打开柜门通通风。

不要堆积

过期或坏掉的食材、调味料等堆积在冰箱和柜子里，时间久了会发出臭味；水槽的滤水盆没有天天清理，菜渣堆积了两三天，会产生发酵的气味；没密封好的剩菜放进冰箱就置之不理，冰箱门一开就会散发出五味杂陈的味道；墙壁和炉台没有常清理，油垢堆积氧化发出油臭味（很多餐厅或小馆子一进门就能闻到这种油臭味）。以上都是因为堆积了脏污而产生的异味，因此不要堆积是避免产生异味的不二法门。

当你闻到冰箱或橱柜里发出臭味，一定要检查到底是什么东西在发臭，然后移除发臭的东西，再把内部擦拭干净，否则用再多除臭芳香剂也枉然。

记得开抽油烟机

大部分人家里的厨房都配备有抽油烟机，可是我发现有很多人常忘了开，或是等闻到油烟味了才想到要开抽油烟机，这样的话，抽油烟的效果就会受到影响，于是油烟味满室。其实要避免忘记，就需养成习惯，在开炉火之前就先按下抽油烟机的开关，炒完菜也不要立刻关机，可以再让抽油烟机多运转 1~2 分钟，彻底把油烟排出去。

柠檬皮有大妙用

有些不得已产生的气味，也是有方法消除的。

榨完汁的柠檬瓣或金桔，仍然含有柠檬精油和少许柠檬汁，也带有丰富的柠檬清香，直接丢掉太可惜，因为它是除臭的好帮手。

挤完汁的柠檬瓣直接放在冰箱里，就变成了天然的冰箱除臭剂。切过鱼或肉的菜刀和砧板，如果残留腥味，也可以用柠檬瓣在菜刀和砧板上刷一刷，就可以去除腥味。

我家经常使用柠檬，几乎天天都会产生挤完汁的柠檬瓣。于是，我在冷冻库里放了一个专门用来收集柠檬瓣的容器，一有柠檬瓣用不完，我就将其丢入这个容器里，既能拿来当作冰箱的除臭剂，又方便随时拿出来用。

如果空气里飘散着油烟味或煎完鱼的臭味，可以烧一小锅水，在水里加几瓣挤完汁的柠檬皮一起煮沸，大约滚沸 5 分钟，让柠檬香气散发，就能带走臭味。

煮完的柠檬皮水可别丢，静置到不烫手但还有点热的程度，可以用来打扫，非常好用。把抹布浸到柠檬皮水里再拧干，可以擦拭炉台、料理台、墙壁和抽油烟机，也可以清洁冰箱，以热柠檬皮水擦过的地方，都会干干净净，而且散发清香，超舒服。

烤箱的臭味也可以使用柠檬皮来去除，在烤盘上铺上铝箔纸，再放上几瓣柠檬皮，以大约 150℃烘烤 10 分钟，柠檬香就会取代臭味。

没有柠檬皮的时候，泡过的茶叶或茶包，也有相同的效果，可以代替柠檬来如法炮制。像是煎过鱼的铁锅若残留有鱼腥味，只要放一把泡过的茶叶，开小火烘烤一会儿，茶叶变干的时候，臭味也去除了，烤干的茶叶还可以用小布袋包起来，放在橱柜里，有吸湿除臭的功能。

about kitchen_ 07

厨房里的布巾

好喜欢各式各样的厨房布巾，白色的、条纹的、格子的、刺绣的、印花的、纯棉的、亚麻的。

因为喜欢，所以见到了就会买，一条两条三条，竟不知不觉的，慢慢收集了一抽屉的厨房布巾。

厨房里的布巾，可以让你随时擦干双手，为你阻隔烫手的锅柄或烤盘，帮你拭去烹煮过程中飞溅的汁水，替你维持厨房里的清洁干爽。

有位日本友人曾对我说，你们中国人的厨房里只有一条抹布打全场，擦手、抹刀、拭砧板、擦炉台都用同一条抹布，她觉得太神奇也太可怕了。

我想她的这番印象是来自外头的小吃摊或小馆子吧。在我家的小厨房里，每一块布巾都有各自的功能，不能混用，更不可能一条抹布打天下。

厨房是处理食物的地方，不论是卫生上的清洁感还是效率上的利落度，都是我最重视的事情。因此我在厨房里准备了足够数量的布巾，依照不同用途分门别类，并且每日清洗，随时都有干净的布巾可以使用。

厨房里常备的布巾

我特别喜欢在厨房使用棉麻或亚麻材质的布巾，这类材质吸水性佳，透气易干，清洗也容易。我不喜欢像洗澡毛巾那种长纤维或是化学纤维材质的，这类材质若沾染了油脂或调味料很难清洗，也不容易干，常有臭污味或摸起来黏腻。在颜色上，我偏爱白色或浅色系，浅色的布巾藏不住污垢，可提醒自己记得换洗布巾，而且视觉上也很清爽。

· 擦手用的布巾

在厨房水槽下方放置一条擦手用布巾，洗手洗碗或清洗食材时，就利用这条擦手巾来擦干手。

做菜时，则会把干净的擦手布巾挂在围裙口袋上，方便料理过程中随时保持双手干净干燥。除了保持卫生，也是为了安全，因为湿滑的手无法握紧刀柄，也拿不稳锅，徒增危险。

使用完毕的擦手布巾，在盆中放点热水，打上肥皂，置于热水中浸泡 10 分钟，再稍微搓揉清洗干净后拧干，在通风处或太阳下晾晒干。

· 擦拭砧板、刀具和调理道具的麻纱布巾

这款纯白色的白雪布巾，是我在日本旅行时买的，一用就爱上，吸水性良好也很容易干，不会产生臭味，可以在网络上购得，或是传统市场里也能买到类似款。

我习惯在切好菜之后，立刻把砧板和刀子等道具先清洗干净，用布巾擦干后才放置于通风处彻底风干。厨房里随时保持干燥很重要，不然器具上残留的积水很容易会滴到地板上，湿滑的地板会造成滑倒的危险，砧板和刀子若老是湿湿的，就容易滋生细菌。

· 打扫用的布巾

也就是抹布，用来擦拭打扫厨房的一切设备。一日料理完毕时，用抹布打上热水，好好将料理台和炉台擦拭干净，刚形成的油污尚未凝结顽固，不需要清洁剂就能轻易擦下来。

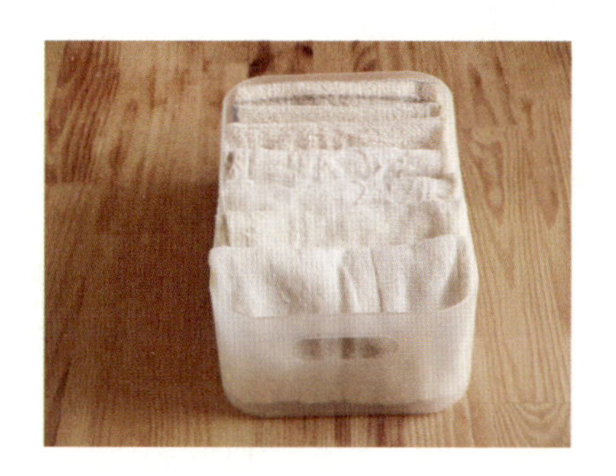

我不会特别去购买打扫用的抹布，大多是拿用旧了的擦手巾，或家里要淘汰的其他布巾，来作为打扫之用，实在用得脏了、旧了、洗不干净了，直接丢掉即可，不心疼。

· 无染色的原色纱布巾

这款纱布巾是专门用在与食物直接接触的场合，例如垫在蒸笼底当蒸笼布来用、过滤高汤或乳清时用（比厨房纸巾好用多了）、用来吸除生菜或豆腐上多余的水、做卤锅或炖煮时用来包裹香料，以上种种需要，我都会使用这种无染色白纱布。

因市售的许多料理用纱布巾或布袋，有的是含有塑化成分的PE无纺布，有的则含有萤光剂、漂白剂，更多的是根本来路与成分皆不明，让人不安心，所以我都是使用这种在永乐市场布行内购买的无染色无漂白纱布巾。

这种纱布非常便宜，一码布只要六七十元，买回家后，剪裁成需要的大小（我通常会剪成大中小三个尺寸），用热水煮沸消毒 5 分钟，再用清水冲洗一次，晾干后即可使用。

由于会直接与食物接触，我特别把这些纱布巾收纳在有盖的密封罐里保管，防止脏污和灰尘。当纱布巾用旧用脏了，就可以转为打扫用抹布，或拿来清理特别脏污的锅和抽油烟机，用完也不必费心清洗，直接丢掉就可以了。

要特别注意，若纱布巾接触过生鱼生肉，即使清洗过，也最好不要再拿来使用在熟食或生食上，建议最好直接丢弃。

布巾的消毒方式

当厨房布巾粘附了较难洗去的酱料等脏污，或是使用了一段时间后变得有些黏腻，我就会定期给它们来个“泡泡浴”，也就是煮沸消毒。

煮沸消毒是家庭里很容易施行的消毒法，而且成效显著，只要煮沸 5 分钟，可以杀死接近百分之百的细菌，布巾也会恢复清爽洁白。

需注意的是，只要是棉麻材质的布巾都适用煮沸消毒法。但人造化学纤维、毛料等材质因不耐高温，所以不适合此法。染了鲜艳颜色的布巾则可能会褪色，亦不合适。因在煮沸的过程中，如果火太大或者锅高度不够，泡泡水有可能会溢出，而造成炉台清理的麻烦，所以最好使用高度高于布巾分量一半以上的锅，并留意火不要太大，稍微沸腾小滚、冒小泡泡就可以了。消毒用的锅或调理盆，以不锈钢或珐琅材质的为佳，不建议使用生铁锅来煮沸消毒，以免损伤锅。

煮沸消毒法

取一个略有高度的锅或调理盆，放入小苏打粉和水，搅拌几下让小苏打粉溶解，把布巾放入锅中，煮至水沸腾后计时 5 分钟，熄火静置至温度不烫手，即可取出以清水冲洗干净，扭干晾晒起来，布巾就会恢复原本的白净。

*小苏打粉与水的参考用量：1 升水内加 3 大匙小苏打粉。

*如果布巾脏污的情况特别严重，可以在水里加些肥皂或洗碗精。

很喜欢被清洗得白白净净、经阳光照射后变得干干爽爽的布巾，抚摸在手里，是一种干爽干净的触感，让我觉得自己特别利落。

夏季时，或是雨日里天气特别潮湿的时候，我会在清洗布巾的热水里，浸几块挤完柠檬汁的柠檬皮，有时也会滴入几滴喜欢的精油，让洗好的布巾带着淡淡的清爽香气，为沉闷的空气带来一丝沁凉。

不论是将布巾整齐折叠收好，还是将布巾悬挂在墙上，都是厨房里无比美丽的风景，生活的韵味油然而生。

about kitchen_ 08

在菜肴里唱着歌，香草与香料

刚开始学做菜的时候，我并不特别喜爱香料和香草，大概是因为陌生不熟悉，对于有特殊气味的香草香料，往往不知如何运用，有种无从下手的感觉。

某天，我在香港餐厅里喝到加了原粒黑胡椒和陈皮的老火炖汤，那浓白汤头里隐约透出来的淡淡奇妙香气，让我对香草和香料的好奇感开始勃发，明白了其实只要那么一点点的香料或香草，就可以让整道料理的味道跳跃起来，不再平淡。由此，我便沉浸在香草香料的世界里，一发不可收拾。现在的我，已经是个没有香草和香料无法活下去的女人。

我家小厨房的抽屉里，有一层用来专门安置香料，我甚至还为了保存香料的珍贵香气，特地去买适合装香料的小型玻璃密封罐，更在阳台种了各式香草，看着它们朝着太阳蓬勃地生长着，我就莫名开心得想旋转。

一道炖肉或水煮鱼，放的要是八角、陈皮和花椒，那就是中式的红烧肉或川辣味水煮鱼；但若改放月桂叶、百里香和柠檬叶，却摇身一变成了西式风味的炖汤或泰式的酸辣鱼汤。喝汤的时候不加一点白胡椒粉，是不是总觉得欠一味儿？做宫保鸡丁怎能少了干辣椒？没有九层塔的三杯鸡那还能叫三杯鸡吗？香草和香料，就是有着这样的魔力呐！

在我家常备香料里，特别想跟大家分享的是，陈皮与草果。

陈皮是橘子皮晒干制成的，如果再经过三年以上时间晒制，就成了颜色深黑的老陈皮，越老越值钱，若是数十年以上的广东新会老陈皮，其价可比黄金。我们寻常百姓家，用不上也买不着那种金贵的陈皮，在中药行或杂货店里，买一般普通陈皮即可。但要特别注意的是，料理用的陈皮，和我们当蜜饯吃的那种陈皮，是完全不一样的东西，可别买错。

炖汤炖肉或做卤味红烧时，都可以放一或两片陈皮来去腥解腻，汤汁里会有一股细致的清香甘甜；若是做绿豆汤或红豆汤等甜汤，也可以放一点陈皮，汤水便不那么甜腻，反而带有清凉的味道。

陈皮在料理中扮演的是画龙点睛之效，放 1~2 片便已足够，放多就变怪味了。陈皮在使用之前要先浸在冷水里泡软后，以刀背或汤匙把白色薄膜刮除再使用，这层白膜带有苦味，这是柑橘类果皮的共性。

草果则是近年来我家大爱的香料，尤其是冬日里我常炖牛肉汤或羊肉汤，没有草果简直不行啊。最早认识草果，是市场里卖土羊肉的老伯教我的。那是我第一次买土羊肉，什么都不懂，只得客客气气地向老伯请教。我是个江湖人称“长辈杀手”的甜嘴家伙，老伯也许是见我客气有礼孺子可教，那日除了教我如何选肉看肉，外加送了我两斤羊大骨和一包草果。

草果是豆蔻属的一种植物种子，有很浓郁的辛辣香气，果壳结实而硬，使用前需以刀背轻拍，使果壳裂开一小缝，炖煮后才会出味儿，特别适合和味道浓厚的肉类一起炖或烧，像是牛肉或羊肉，可以去腥膻、解油腻。我觉得草果和羊肉简直是天作之合，只要煮羊肉料理，我必加放一两枚草果，并已完全迷恋上了那个味道。

草果也可以磨成粉来使用，有时候普通的炒肉丝或炒蛋吃腻了，我也常加一点草果粉来变化口味，用草果粉来腌肉，味道会变得清新。但草果粉的香气很容易散失，最好是少量购买。我通常在中药行购买草果，然后请店家取其中一部分磨成粉。

香料最珍贵的就是香气，香气尽失的香料，代表本身品质不佳，或是已经放了很久还卖不掉。超市里售的罐装香料，我买了几次之后，发现香气远不如我在南门市场的杂货铺或中药行里购买的。在杂货铺或中药行买香料还有一个好处，就是你可以看得到闻得到，想买多买少也都完全随意，很自由。

买回家的香料，如果想长时间保留它们美好的香气，保存方法就要稍微用点心，尽量把香料保管在密封性佳的瓶罐里，置于无阳光直射的凉暗处。当然，一旦开封尽快用完也很重要，一般小家庭使用，购买小分量包装的产品足矣。

香草们也一样能为料理带来亮点，不仅能提供香气和滋味，还很好看呢！柠檬油渍烤鲜菇上点缀的迷迭香，又香又美，实在令人喜欢。

有些香草因为用量少，或者不是中式料理常用的，市场上也就少见有卖的，这时不如自己种一盆吧！

香草盆栽在假日花市或花店里都很容易购得，价格也很便宜，而且非常好种，成长速度又快，种起来十分有成就感。我在自家阳台上，种了一大盆综合各式香草，每一款香草都只种一棵，就已经够用了。我栽种的品种有青紫苏、罗勒、九层塔、茴香、刺芫荽、百里香、薄荷、巴西利（parsley）和迷迭香。

要成为栽种香草的高手，有三点要注意：一是将盆栽置于通风处，闷热和完全无风的地方是香草不喜欢的，若能稍微有点阳光更好；其次是盆器底部一定要有洞，不要积水，以免烂根；最后是适量浇水就好，不要浇太多，夏天可每天浇一次，冬日或多雨季节大概两三天浇一次即可。

需要的时候，不必外求，只要拿着剪刀和托盘，到阳台上去收一些香草，新鲜现采的香草其香气和颜色，都是最棒、无可取代的。

如果想种些西式料理用的香草，我特别推荐的是巴西利（parsley）。这个长得有点像香菜又有点像芹菜的香草，味道非常独特，除了是意大利料理中不可或缺的香草之外，和各种各样的西式料理也都很搭配。香气清新爽利，和肉类或海鲜类特别合拍，重点是在台湾市面上非常难购买到新鲜的巴西利（parsley），自己种一盆，想用随时有。新鲜香草的香气又更胜干燥香草，我一用便爱上它，人生再也不能没有巴西利（parsely）。

巴西利（parsely）有平叶和卷叶两种品种，平叶的品种口感比较细致，购买时请认明，或向店家询问。

香草与香料们，我心爱的小精灵，轻轻地，在阳台上，在我手心里，在菜肴里，唱着歌。

about kitchen_09

褒奖自己的时间

家庭主妇的日子总是在团团转中度过，每天的生活就像一本流水账般来来去去，时间就在日复一日的家事里逝去。

为了给自己一个有目标的生活，我把自己当作是全职的在家工作者，我的家就是我的公司、我的办公室。

所以啦，我当然也要像其他的上班族一样，在工作告一段落的时候，给自己一个休息时间，这样的一段小时光，就是我给自己的小小褒奖。

在每日重复不间断的家事与各色各样的忙碌生活里，当忙碌告一个段落，或在家事与家事间，留一小段空档，就像是下课时间，让自己稍作休息。

给自己的褒奖时间，有时也是一份预约的奖励。可以告诉自己，在洗完衣服后，会有一杯美味的红茶和好吃的点心喔；做了一番打扫工作后，在加了精油和香草的温水中浸润双手，再细细揉上喜爱的护手霜。自我的小小褒奖虽然简单又平凡，但却是让人在平凡生活中轻易拥有的一点小确幸。

在这中场休息的宝贵时间里，我喜欢静静地享受自己喜欢的事物来疗愈自己，给自己打气。

我是晨型人，通常早上是我的家事时间，洗衣服、换床单、擦地板、打扫、买菜、购物、上邮局或银行等家事，都会在中午以前完成，那么在下午，我总会安排一杯咖啡的休息时间。

播放着的是轻柔的爵士乐音，我最喜欢听 Naomi & Goro 的歌曲，还有 Red Garland 的爵士钢琴演奏，让家里先飘着点咖啡馆的氛围。接着烧开水，然后取出新鲜的咖啡豆，磨豆子、折滤纸、热滤杯，选一个适合本日心情的杯子，再开始静静地、缓缓地为自己手冲一杯咖啡。

热水在咖啡粉上画着同心圆，膨起像一朵摩卡色的棉花糖，萃取出的咖啡液开始落在杯里，滴滴答答，咖啡的香气弥漫在空气里，深深地闻一口咖啡香，啊，真好呐！

我爱手冲咖啡，喜欢那随着每日的心情，研磨程度不同、手势不同、水温不同、落水速度不同，而有着完全不同风味的乐趣，每一杯都是独一无二、本日限量，和那种永远一样味道的胶囊咖啡比起来，主妇的自家不专业手冲咖啡，更令我心仪。

我喜欢黑咖啡加糖不加奶。只喝咖啡的话，放一颗鹦鹉糖，若是搭配甜点，就只放半颗糖。是啊，甜点，既然是褒奖自己的咖啡时间，怎能少了可爱的甜点呢？最喜欢蜂蜜蛋糕和酸酸的柠檬塔了，一边吃着美味的甜点，一边翻看喜爱的生活杂志，或是读几页书，这就是我最爱的褒奖时间、疗愈时光。

除了咖啡时间，另一个我喜爱的放松时刻，是与花草们一同度过的。

每隔两三个礼拜，我会在市场边的花店或假日花市买些鲜花。回到家后，在水槽里放满水，让鲜花吸饱水，修剪成合适的高度，剪去多余的绿叶枝茎，取出合心意的瓶器，把鲜花安置在水瓶里，用美丽芬芳的鲜花点缀我的小家。

窗台上栽种的香草们成长得很快，需要修剪的时候，我就大把大把地剪下，像鲜花一样地插在水瓶里，摆在餐桌上、玄关桌上，或是小厨房里，绿意妆点了空间，更何况还有清新好闻的香气呢！

抚摸或修剪着花草，眼睛看到的，鼻子闻到的，都是美丽的画面，不知不觉心就沉静了，好像重启了身体的某一个开关，再次注入能量。

自己的快乐不用外求于人，我很懂得享受让自己愉快的生活小滋润。

图书在版编目（CIP）数据

疗愈厨房 / 暴躁兔女王著 . -- 青岛 : 青岛出版社，2016.12

ISBN 978-7-5552-4861-3

Ⅰ . ①疗… Ⅱ . ①暴… Ⅲ . ①菜谱 Ⅳ . ① TS972.12

中国版本图书馆 CIP 数据核字 (2016) 第 265091 号

书　　名　**疗愈厨房**

著　　者　暴躁兔女王

出版发行　青岛出版社

社　　址　青岛市海尔路182号（266061）

本社网址　http://www.qdpub.com

邮购电话　13335059110　0532-68068026

责任编辑　徐　巍

设计制作　潘　婷

制　　版　青岛帝骄文化传播有限公司

印　　刷　青岛嘉宝印刷包装有限公司

出版日期　2017年8月第1版　2017年8月第1次印刷

开　　本　16开（710毫米 × 1010毫米）

印　　张　18.75

字　　数　200千

图　　数　467幅

印　　数　1-5000

书　　号　ISBN 978-7-5552-4861-3

定　　价　49.80元

编校质量、盗版监督服务电话　4006532017　0532-68068638

建议陈列类别：生活类　美食类